空間は実在するか

橋元淳一郎
Hashimoto Junichiro

インターナショナル新書 063

目次

原注については、※を付して、該当する箇所が含まれる段落の後ろに挿入する(「はじめに」のみ本文末尾に配した)。

参考文献については、＊と番号を付して、各章ごと、巻末の「主要参考文献」に列記する。

はじめに　空間論事始め

時間と空間は我々の世界の基本的な枠組みである。

アリストテレスの自然学から現代物理学まで、時間と空間はこの宇宙の森羅万象を存在たらしめている「器（うつわ）」と考えられてきた。

しかし、そのことが、時間と空間が他の何よりも確実な存在、すなわち実在であるということにはならない。それどころか、時間と空間はイリュージョン※（幻影）であるということを、読者諸氏は本書の第3章まで読んでいただければ、知ることになるだろう。

ちなみに、「空間」の意味を辞書で調べてみると、「物がなく、あいているところ……」（『大辞林』初版　三省堂）、「一般には物質が存在し現象が起こる場所……、ふつうは3次元ユークリッド空間として扱われる」（『岩波 理化学辞典』第四版）などとなっている。また『ロングマン物理学辞典』（朝倉書店）には、「空間」の項がない。つまり、空間とはあまりに自明のものであって、明確に定義することができないのである。

それはさておき、同じ宇宙の基本的枠組みであるにもかかわらず、時間と空間はあまりにも異なる顔をしている。

時間には過去→現在→未来という方向性があるが、空間は右にも左にも、上にも下にも対称的である。

いや、上向きと下向きは明らかに違うとおっしゃるかもしれないが、それは我々が地球の重力の下で暮らしているからで、重力場のない、あるいは物質の分布が均等な宇宙空間に行けば、上も下もない。

移動手段さえ持ち合わせていれば、我々は空間のどの地点にも行けそうであるが、時間はそうはいかない。「私」は「今」という時間にしか存在できない。

いや、タイムマシンができたら、過去へも未来へも自由自在だとおっしゃるかもしれないが、仮に過去のある時点に行ったとしても、そこで感じる時間は「今」である。「私」は「今」という瞬間にしか存在することができないのである。

こんなことから、時間論という哲学が生まれた（のだと思う）。

それに対して、空間論という哲学はあまり聞いたことがない。もちろん、哲学者は空間についても時間と同じくらい研究をしている。たとえば、カントの『純粋理性批判』を読めば、そこには時間と同じくらい空間への考察がある。ただ、一般の人々にとっては、時間の方がだんぜん面白いのである。時間の不思議はいくらでも思いつく。

前述したように、時間には向きがあり流れがある。過ぎ去った時間はけっして戻らない一方、来るべき未来は未知である。未来に起こる出来事は決定されているのか、それともまったく不確定なのか、あるいは起こり得る選択肢の数だけ未来があるのか。さらに、我々が体感する時間は、「今」というこの瞬間だけである。ひょっとすると、「今」というこの瞬間にだけ時間が存在し、過去や未来は存在しないのかもしれない。また、「今」は他者と共有できるのかという問題もある。「私」の「今」とアンドロメダ銀河の「今」は、同じ瞬間なのだろうか……等々。

空間のどこに不思議が存在するだろうか。モノや事象が存在するためには空間が存在しなければならない。しかし、それはあたりまえのことであって、拡がりや等方性といった性質も、哲学的に考えればいろいろ考察できるのかもしれないが、さほど不思議なことではないように思われる。

こうして空間論は、一般の人にはあまり興味の湧かない話題になっているのではないだろうか。

しかし本当は、空間は時間より不思議な存在なのである。我々は時間を直接体験することができるが、「純粋な」空間というものをけっして体験できない。第2章まで読み進めていただければ、そのことが明らかになるだろう。

前著『時間はどこで生まれるのか』（集英社新書）で、時間の流れについての思考実験を試みた。そこで一応の結論が得られたと思ったのだが、書き終えてみると、自然のなりゆきで、今度は空間の不思議が目の前に立ちふさがった。なぜなら、時間と空間は密接に結びついており、時間のことを考えるとき、空間を無視するわけにはいかないのである。

相対性理論によれば、我々は**ミンコフスキー空間**と呼ばれる時空に住んでいる。ふつう我々が空間だと思っているのは、中学校の数学で学ぶ**ユークリッド空間**である。ミンコフスキー空間はユークリッド空間とちょっと違う。いや、かなり違う。それについては、第1章でさっそく扱うことになるが、本書は時間と空間を統一したミンコフスキー空間に関する思考実験なのである。

ミンコフスキー空間は、数学的には完結した閉じた理論であるから、今さらそれに純粋な学問的考察を加えようというのではない。実数と虚数が織りなすミンコフスキー空間が、我々が感じている時間の流れや生命現象の不思議と、どのような形で結びついている可能性があるのかを、自由な発想で探る試みである。

なぜ、こんな話を書く気になったか、少しだけ横道に逸れることをお許しいただきたい。

小林秀雄（１９０２〜８３）と岡潔（１９０１〜７８）の対談を収めた『対話 人間の建設』（新潮社）という本がある。１９６５年の刊行だから、かなり昔のことである。

その中に、アルバート・アインシュタイン（１８７９〜１９５５）とアンリ・ベルクソン（１８５９〜１９４１）の時間を巡る衝突の話が出てくる。これは１９２０年代のことで、さらに昔のことである。

ベルクソンは１９２２年に『持続と同時性』という本を出版し、アインシュタインの相対論は間違っていると批判した。しかし、それが物理学者たちの猛烈な反発を呼ぶことになった。それでも、ベルクソンは自らの主張を曲げず、内容をあらためないまま再版を繰り返したが、結局、１９３１年、死の10年ほど前に絶版にせざるを得なくなった。

アインシュタインとベルクソンは最後まで互いに相手を理解することができなかったのだが、小林と岡はそれを、それぞれ別の時間のことを言っているのだから、衝突する必要などなかったのだと、ごく当然のように意見の一致を見ている。

すなわち、アインシュタインの物理学的、数学的時間に対して、小林の言葉を引用すれば、「結局、ベルクソンの考えていた時間は、ぼくたちが生きる時間なんです。自分が生きてわかる時間なんです。そういうものがほんとうの時間だとあの人は考えていたわけです。」と述べ、岡も同意する。

小林と岡からそのように見えることが、アインシュタインとベルクソンには、なぜ見えなかったのだろうか。

もちろん、そこには天才たちのさまざまな思惑があったのであろうが、一つの理由として考えられるのは、時間と空間概念の眺望が、1920年代と1965年では大きく違っていたということではないだろうか。

2020年の今、時間と空間の概念はアインシュタインやベルクソンが想像だにしなかった様相を呈している。

本書で詳しく見ていくが、我々の宇宙に存在している質量をもつ物質は、宇宙の始まりから存在していたのではなく、ビッグバンの後、ヒッグス機構という「後天的」な出来事によって生まれたそうである。つまり、ヒッグス機構が機能する前には、宇宙には質量をもつ粒子がなかったことになる。そして、質量をもたない粒子は光速で動くことになり、光速で動くものの時間は止まる。空間はペシャンコになる。つまり、我々が考えているような時間と空間は、宇宙に最初から備わっていたものではなく、後から（ひょっとすると）偶然によって生まれたものということになる。

そういう意味で、アインシュタインの時間が「後天的」なものであるなら、ベルクソンの時間もまた「後天的」なものであり、両者の主張に矛盾することは何もないのである。ということで、もう一度強調するが、本書は自由な発想によるミンコフスキー空間に依拠する「空間論」である。

※**イリュージョン**は本書のキーワードの一つである。この用語は、日高敏隆著『動物と人間の世界認識――イリュージョンなしに世界は見えない』（筑摩書房 2003年）から拝借している。1930年代、ドイツの動物行動学者ヤーコプ・フォン・ユクスキュル（1864～1944）は、すべての動物はその動物独自の環世界をもっていて、それは客観的世界とは異なるものであるが、環世界こそが彼らにとっての真実なのであると主張した。客観的世界を扱っているように見える科学も、人間の創り出したものであるなら人間の環世界の一部であり、宇宙の真の姿（そんなものがあるとして）を捉えているとは言えないことになる。

第1章　相対論が分かれば、時空の不思議が分かる

相対論なくして文明生活は送れない

アインシュタインが1905年に**相対性理論**（以下、略して**相対論**と呼ぶ）を発表した当時、それは科学者でさえも理解の難しい、奇妙な物理学だと思われていた。しかし、それから100年以上が経過して、今や、我々の生活は相対論なしには成り立たない。

アインシュタインは、言うまでもなく天才物理学者である。彼が相対論の論文を発表したのは26歳のときであった。しかし、それだけではなく、同じ年に「光量子仮説」と「ブラウン運動の理論」の二つの論文も発表し、ノーベル賞の授賞対象となったのは相対論ではなく、光量子仮説の論文であったことは有名である。

しかし、天才が人生の達人ではないことはよくあることである。彼もまた人並みに人生の苦渋を背負っていたことは、さまざまなエピソードで知られている。学生時代の恋人（後に結婚）ミレーバとの間に生まれた女児については、その行方は分からぬままである（妊娠を機に、ミレーバは彼女の両親が住むセルビアに滞在していたが、夫婦関係が悪化していたため、スイスへ戻った際に、その女児は連れてこなかった）。その後、又従姉妹（またいとこ）のエルザに恋し、ミレーバと離婚することになったときには、将来受賞するであろうノーベル賞の賞金を慰謝料に充（あ）てると約束した。ノーベル賞120年の歴史の中でも、賞金がこのような使われ方をしたのはこのときだけではないだろうか。アインシュタインがいかに「傑出した」俗人であったかの証拠である。

しかし、今よく目にするアインシュタインの写真は、笑ったりおどけたりしているものが多い。相当茶目っ気のある人だったのだろう。

そのような、ある意味、親しみのもてる俗人が、今からお話ししていくような、我々の想像を超えた宇宙観を創造したのである。

人間とは不思議な存在である。

余談はさておき、相対論なしでは使いものにならないテクノロジーとして、カーナビ、あるいはGPS信号を挙げれば充分であろう。

GPSの原理は、信号を発している人工衛星から受信機までの電波の到達時間を計り、それを距離に換算して、現在地を知るものである。電波の速さは光と同じで秒速約30万キロメートル（もう少し詳しく書くと、秒速299792・458キロメートル）であるから、到達時間が分かれば距離が分かる仕組みである（正しい位置を知るには、3個以上の衛星からのデータが必要である）。ところが、相対論によると時間は絶対的なものではなく、衛星と受信機が相対的に運動していれば時間の遅れが生じる。さらに、地球の重力場の影響でも時間が遅れる。その遅れは、一昔前の時計ではとても計れないようなわずかな遅れであるが、仮に30万分の1秒の遅れでも、距離に直すと1キロメートルになってしまう。これではとてもカーナビには使えない。そのため、GPSのシステムには、相対論的な時間の遅れがあらかじめ織り込まれており、ほんの数メートルの範囲内の誤差で作動するのである。言い換えれば、GPSは相対論がニュートン力学より正確な物理学であることを証明しているのである。

このような細かい誤差まで計算できる相対論は、よほど難しい理論であると思われるだろう。ところが、相対論は世間で思われているほど難しいものではない。実は、驚くほど単純明快である。必要な数学は中学校や高校で学ぶレベルで、虚数とピタゴラスの定理の二つを知っていればこと足りる。※あとは式を追わなくても、グラフを読み取る能力（というほどのものではないが）があればよい。それだけで、時間と空間の驚くべき本質が分かってしまうのである。

※虚数とピタゴラスの定理の説明は、巻末の付録1（203〜210ページ）に示した。

図 1-1　ホテルから駅へ向かうＡ氏とＢ氏

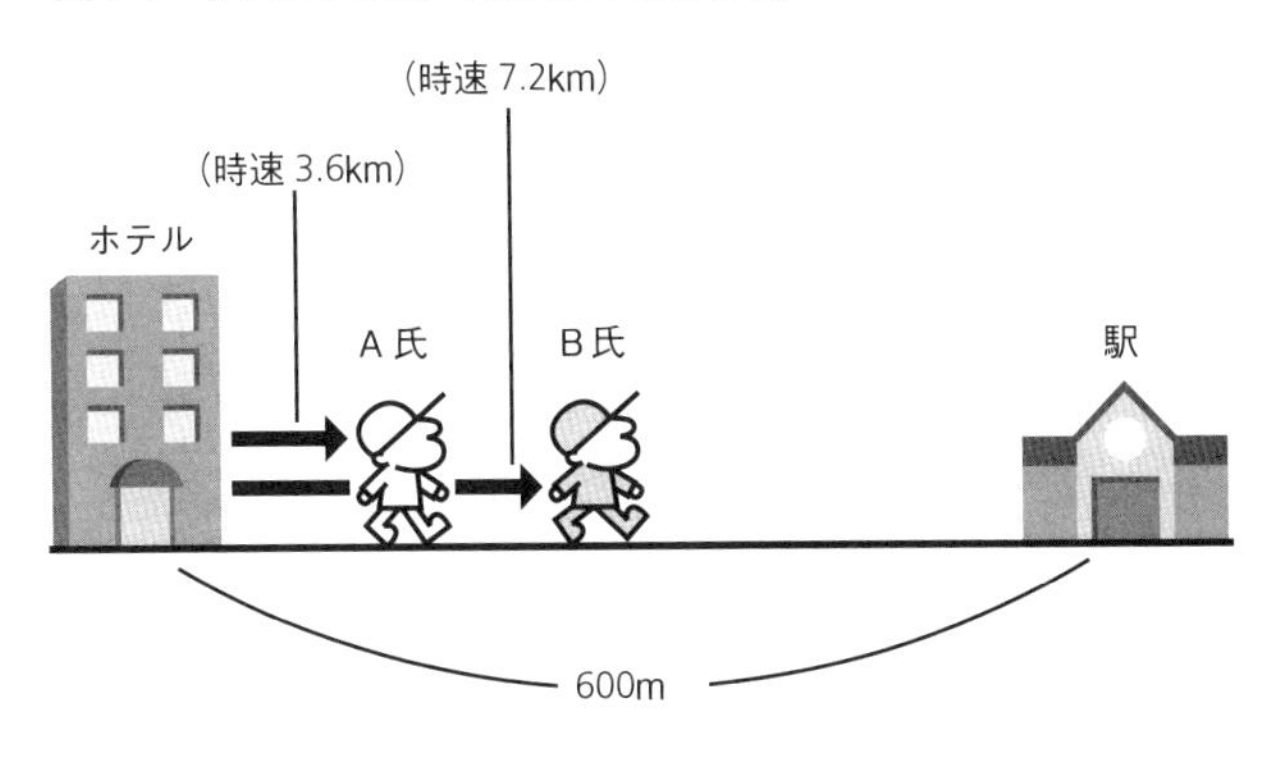

本章から第３章まで読み進められたら、あなたは時間と空間が幻影(イリュージョン)以外の何ものでもないことを納得されるだろう。

しかし、結論を急ぐ前に、グラフを読み取る練習をちょっとだけしておこう。

ホテルから駅まで何分かかる?

ホテルと最寄りの駅が直線道路で結ばれていて、その距離は６００メートルであるとする。今、ホテルからＡ氏とＢ氏が同時に駅に向かって歩き出す。Ａ氏は時速３・６キロメートル（秒速１メートル）でゆっくりと歩くが、Ｂ氏は早足で、時速７・２キロメートル（秒速２メートル）だとする。そうすると、Ａ氏は駅に着くのに10分かかるが、Ｂ氏は５分

図 1-2　A 氏と B 氏の世界線

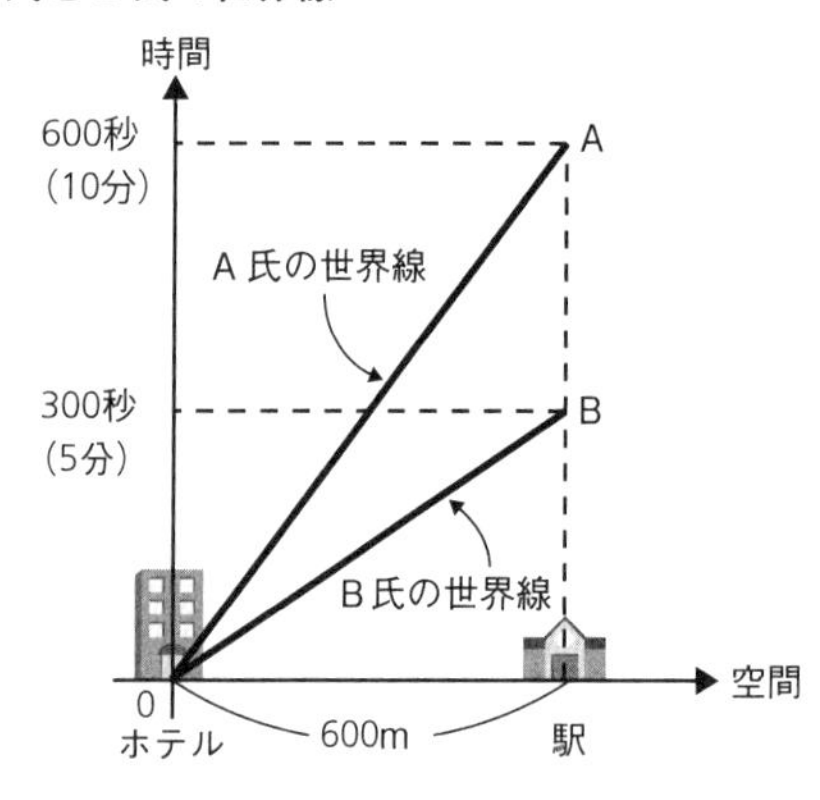

で着く（**図1－1**　19ページ）。

この様子を、グラフで描いてみると、**図1－2**のようになるであろう。

図1－2のグラフの横軸は空間で、縦軸は時間である（横軸を時間、縦軸を空間と逆にしてもよいのだが、相対論の本では習慣上、必ずこうなっているので、本書でもそのようにしておく。慣れていただきたい）。時刻0（原点）でのホテルと駅の距離は600メートルであるが、これは5分後においても10分後においても変わらない。ホテルと駅は動かないから、当然である。それに対して、A氏とB氏の動きはグラフの直線Aと直線Bで表すことができるだろう。たいしたグラフではないが、この二つの直線を見れば、A氏とB氏がいつ、どこにいるのかが分かる。

このようなA氏とB氏の動きを表す直線（場合によっては、曲線になる）を、相対論ではA氏とB氏の**世界線**と呼ぶ。

ある場所、ある時刻を原点と定めれば、宇宙におけるすべての物質の世界線を描くことができる。

ちょっとだけ哲学めいたことを言っておけば、このようにモノの動きを世界線で描いてしまうと、もはやモノの動きはなくなってしまう。時間軸が空間軸と同じ平面に描かれたために、時間は空間と同じものとなり、モノの動きは「絵」として固定されてしまうのである。※

※これは一昔前の哲学の決定論ではないかと思われるかもしれない。実際、A氏とB氏の世界線は、原点である時刻0から見れば未来の出来事であり、時刻0の時点でA氏とB氏が確実に駅に到着できるという保証は何もない。しかし、すべての未来は決定されているか否かという議論には、絶対的な現在が存在するという暗黙の了承がある。世界線が描かれた時空のグラフを外から見ている存在には、時間の流れは存在しないはずである。世界線を見ている立場は、時間と空間を超越した立場なのである。

相対論の本質は時空のグラフ

モノの運動を知るということは、そのモノがいつ（時間）、どこ（空間）にあるかを知るということである。

そもそも、古典的な**ニュートン力学**は、惑星が天空をどのように運動するか、たとえば火星が何年何月何日何時何分に天空のどの位置にいるかを予測することを目的として、17世紀に生まれたのである（ニュートンの運動方程式を解くと、その答えが出てくる）。

これは相対論以前のニュートン力学の第一歩である。

それゆえ、相対論ではなくニュートン力学においても、時間と空間のグラフを作って、あるモノの世界線を描くことができる。実際、A氏とB氏のホテルから駅までの世界線は、相対論とは無関係に描いたものである。

A氏とB氏の駅までの動きのグラフは、たしかに納得はできるものだが、「それでそこから何が分かるの？」と聞かれたら、「いや、たいしたことは分かりません。式で書けるものをグラフにしただけです」とでも答えるしかない。つまり、深い意味のない、単なる時空のグラフでしかない。だから、ニュートン力学においては、わざわざ時空のグラフを描く必要がほとんどないのである。

それに対して、相対論では、この時空のグラフは深い意味をもつ。

もちろん、相対論でもグラフを描かず、式だけで現象を追うことは可能である。しかし、式を使わなくても、この時空のグラフだけで相対論の本質がすべて理解できる。いや、式よりもこの時空のグラフの方がはるかに分かりやすい！　よって、本書では相対論をこの時空のグラフですべて説明する。

まず、もっとも重要なことから始めよう。

図1－2（20ページ）のホテルから駅までのグラフにおいて、横軸は空間、すなわち距離なので、単位をメートルで表した（もちろん、フィートや尺など、長さの単位ならどんな単位を取ってもかまわない）。それに対して、縦軸は時間なので、その単位は秒で表した（これも、時間の単位ならどんなものでもよい）。

ニュートン力学において、距離と時間は基本的な次元である。もちろん、我々は空間と時間を別のものだと考えているから、距離と時間の次元は、どんな単位を使おうとも別のものである。

日常使っている単位でいえば、メートルと秒はまったく別の単位である。

ところが、である。

相対論においては、空間と時間が同じ次元になる！

たとえば、日常生活において、

1メートル＋1メートル

という計算はできても、

1メートル＋1秒

という計算はできない。数学的に

1＋1

は計算可能であるが、1メートルと1秒を足すことはできない。というより、そんなものに意味はない。

ところが、相対論ではそれが可能なのである。可能というより、空間と時間の次元は同じにしなければならないのである。※

※時間と空間の次元を同じにすると、エネルギーEと質量mの次元は同じになる。そして、光速cにならって、

1秒＝30万キロメートル

とすれば、有名な

$E=mc^2$

という式が簡単に出てくる。さらに、量子論の不確定性原理に出てくる相補的な物理量の意味も明瞭になる。この宇宙は器（容器）と中身の二つから成り立っているのである。詳しくは第2章を参照してほしい。

よって、ニュートン力学から相対論に乗り換えるためには、メートルと秒が同じ次元になる新たな単位をもってこなければならない。つまり、1秒は何メートルかを決めないといけない。その逆もしかりである。

単位というのは人間が勝手に作ったものだから、その取り方は自由であり、

1メートル＝1秒

と取ってもよい。この取り方は、我々の日常生活にマッチしているが、宇宙の構造を説明するには不便である。それよりも、なるべく宇宙の本質を直観的に理解できる取り方がよいだろう。そこで、本書では、

1秒＝30万キロメートル

とする。30万キロメートルは、真空中で光が1秒間に進む距離だから、この単位の取り方は、

光速c＝1

とする方法である。※

※ニュートン力学では、速度の単位はメートル／秒（m/s）であるが、相対論ではメートルと秒が同じ次元であることから、必然的に速度は次元をもたないただの数になってしまう。よって、光速cはただの数、それも1ということになる。

これは常識はずれの設定に思えるが、身長が地球と月の距離くらいある超巨人が存在するとしたら、まことにリーズナブルな設定だと言える。要するに、宇宙の大きさに比べて我々はきわめて微小な存在だということである。

さて、このように時間と空間の次元を同じにして、かつ光速を1として、光の世界線を描けば、**図1-3**のようになるだろう。

図 1-3　光の世界線

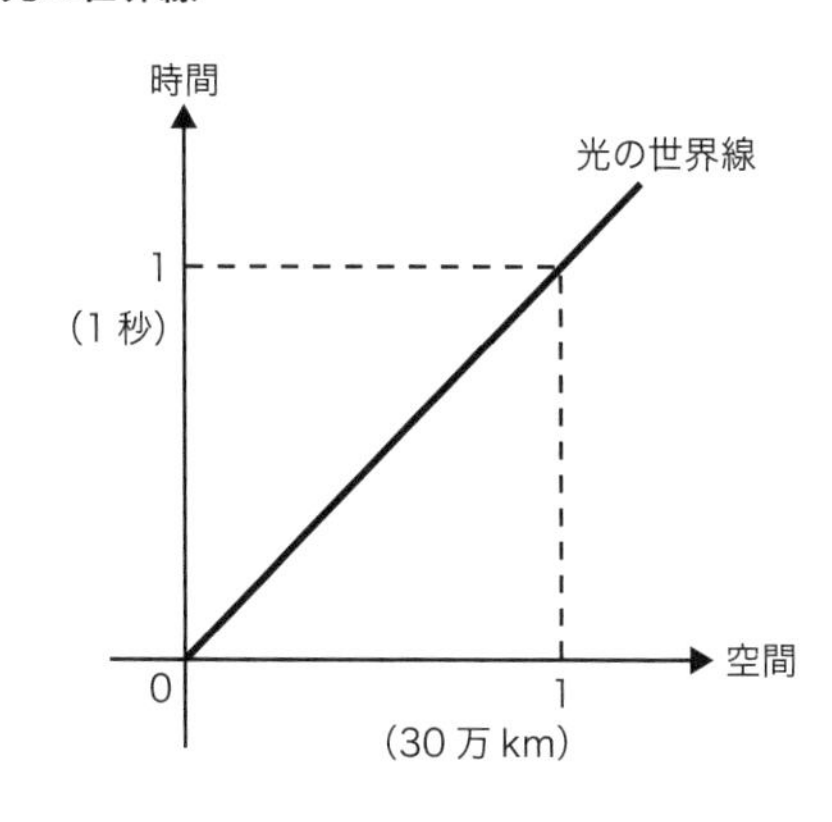

光の世界線は、空間軸と時間軸のちょうど真ん中、45度の傾きの直線となる。

実際には、ホテルから駅への直線道路と違って、光は3次元空間のあらゆる方向へと伝わっていく。だから、本当は空間軸を3本取らないといけないのだが、その様子を紙の上に描くことはできないから、少しでもイメージを膨らませるために空間を2次元として描いてみると、次の**図1-4**（28ページ）のようになるだろう。

水面を波が同心円を描いて拡がっていくイメージである。

描かれた円錐形を**光円錐（こうえんすい）（ライトコーン）**と呼ぶ。

しかし、このような立体的な絵を描くのも面倒だから、本書ではこの後は空間軸を1本にしたグ

図 1-4　光円錐（ライトコーン）

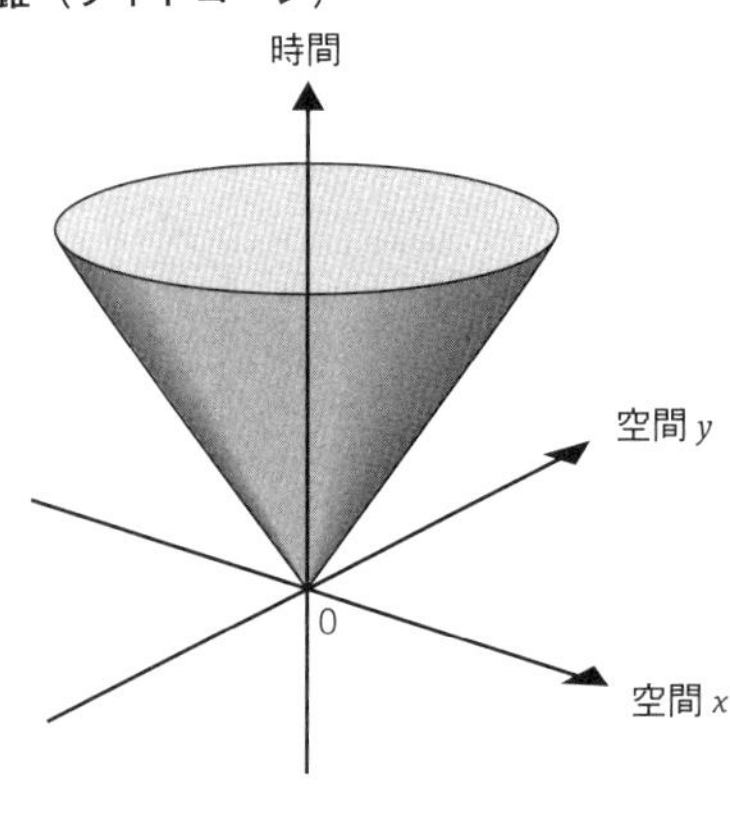

ラフで話を進めていくことにする。相対論の本質を理解するには、それで充分である。

時間は実数、空間は虚数

さて、次のステップに進もう。

相対論では、時間と空間を同じ次元、同じ尺度で測るわけだが、それでは時間と空間がまったく同じものかというと、実はそうではない。

時間軸が実数であるのに対して、
空間軸は虚数である！

これこそが、相対論を相対論たらしめている本質なのである。

虚数とは、2乗した値が負になる数である。虚数の単位を記号iで表すと、

$$i \times i = -1$$

である。

虚数i個のリンゴなどというものは想像できないから、虚数など実際には存在しないのではないか？　しかし、そういう意味では、マイナス1個のリンゴも想像できないから、マイナスの数も奇妙なものである。しかし、我々はマイナスの数にずいぶん慣れている。マイナス1000円もっているということは、1000円の借金があるということであり、これは実感をともなうであろう。虚数にはそのような日常生活での応用がないので、縁遠い気がするだけである。実際、交流回路の計算などでは虚数を使うと便利なので、どんどん利用されている。ついでながら、量子論にも虚数は出てくる（正確には複素数）。量子論に出てくる虚数は、今説明している相対論とは違った意味で、本質的な意味をもっている。すなわち、虚数なしにこの宇宙は存在できないのである。

本論に戻ろう。

空間が虚数などとは、信じられないであろう。たとえば、机の長さを測って1メートル

あるとすると、この1メートルは実数ではないか？　我々の周りの空間は、すべて実数で測れる空間ではないか？

　しかし、真実は違うのである。我々の目の前に拡がる空間は、「純粋な」空間ではない。我々は「純粋な」空間をけっして見ることができない。その理由は、まもなく分かるであろう。

　実数軸と虚数軸でできた奇妙な時空、これを数学では**ミンコフスキー空間**と呼ぶ。ミンコフスキー空間に対して実数軸だけでできた空間は、中学や高校で学ぶ、いわゆるふつうの**ユークリッド空間**である。ユークリッド空間は古代ギリシャのユークリッドによって創られたが、ミンコフスキー空間はアインシュタインが相対論というものを発見したときに初めて創られたものである。

　我々の宇宙がユークリッド空間ではなく、ミンコフスキー空間でできていることによって、時間の遅れや空間の縮み、その他相対論特有の奇妙な性質がいろいろ生まれてくるのである。


　しかし、アインシュタインが創った相対論の時空が、なぜミンコフスキー空間と呼ばれるのだろう？　アインシュタイン空間と呼ばれてしかりではないだろうか。

　それには理由がある。ヘルマン・ミンコフスキーは１８６４年生まれ（１９０９年没）で、アインシュタインより15歳年上である。彼もまた天才数学者であったが、44歳で早世したこともあり、その著作や生涯については、一般の人にはあまり知られていない。彼の名が物理学の歴史に刻印されたのは、アインシュタインがスイス連邦工科大学の学生であったときの数学の指導教官であったという運命の出会いによる。

　アインシュタインから相対論のアイデアを告げられると、ミンコフスキーはその時空概念の斬新さにすぐ気付き、１９０７年までにそれを、今ではミンコフスキー空間と呼ばれる数学の体系にまとめ上げた。アインシュタインももちろん、自分が創造した時空の奇妙な性質は熟知していたはずであるが、ミンコフスキーの業績によって初めてそれは相対論の理論的支柱となったのであった。

　これまで述べてきた時間軸と空間軸で描くグラフや光円錐の考え方なども、ミンコフスキーのアイデアである。

時間は遅れ、空間は縮む

相対論といえば、自分に対して動いている人の時計が遅れるとか、物差しが縮む、ということを聞かれたことがあるだろう。たとえば、素粒子には固有の寿命（半減期）があるが、宇宙から高速で飛んでくる素粒子を観測すると、寿命がはるかに延びている。これは、高速で動く素粒子の時計が遅れている証拠である。

相対論の入門書では、いろいろな思考実験で時間の遅れや空間の縮みを計算しているが、あまりピンとこないのではないだろうか。相対論の神髄はミンコフスキー空間そのものにあるので、凝った思考実験よりも、実数軸と虚数軸による時空のグラフを描いた方が時間の遅れや空間の縮みは簡単に理解でき、計算できるのである。

試しに、光速の半分の速さ、すなわち秒速15万キロメートルで飛んでいるロケットの中での時間の遅れを計算してみよう。

まず光速の半分の速さで動くロケットの世界線を描いてみる（図1－5）。

このロケットを見ている「私」※は、もちろん空間方向には動かない（ロケットの中にいる人から見れば、「私」は光速の半分の速さで反対方向に動いて見えるが、これについては後で説明する）。そこで、「私」の世界線は、縦軸である時間軸と一致する。「私」はこ

図 **1-5　光速の 1/2 で動くロケット内の時間を計算する**

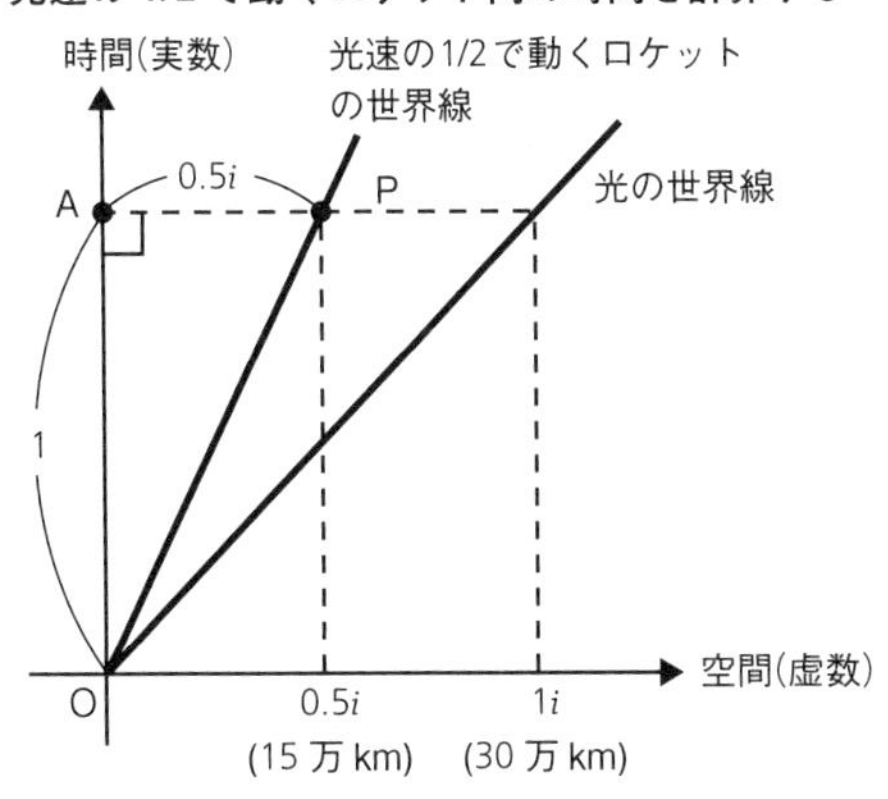

の実数の時間軸に沿って、まっすぐ上向きに動くことになる。こうして、「私」の時計が1秒経過すると、「私」自身は時間軸の1秒の位置（図の点A）に来ており、時刻0（原点O）で「私」と同じ場所にいたロケットは、15万キロメートル離れた点Pにいる。

※相対論では、見る人の立場によって時間や物差しが変わってくるので、誰から見た宇宙なのかということがきわめて重要になる。そこで、誰が見る宇宙なのかを述べるときに、「観測者」という用語を使う。ミンコフスキー空間の原点はもちろん自由に選べるのだが、今、考えているミンコフスキー空間の原点にいる観測者のことを、本書では「私」という表現を使うことにする。

ところで、ロケットに乗っている人は、つねにロケットと同じ位置にいるから、「私」の世界線が時間軸と一致しているように、ロケットに乗っている人の時間軸はロケットの世界線と一致しているはずである。だから、ＯＡの長さが「私」の1秒であるのに対して、ＯＰの長さがロケットに乗っている人のこの間の時間経過になるはずである。つまり、線分ＯＰの長さを測ればよい。

ここでピタゴラスの定理を使うことになる。なぜなら三角形ＯＡＰは直角三角形だから、

$$OP^2 = OA^2 + AP^2$$

が成立するはずである。

ところで、先に採用することに決めた単位の取り方で言えば、線分ＡＰの長さは０・５である（30万キロメートルを1とするのだから、15万キロメートルは０・５である）。

よって、

$$OP^2 = 1^2 + 0.5^2 = 1.25 \cdots\cdots?$$

ではない！

線分ＡＰは空間軸に平行で、空間軸は虚数だったから、ＡＰの長さは０・５iとしなく

てはならず、その2乗は、**マイナス0・25**である。

よって、

$OP^2 = 1 - 0.25 = 0.75$

となる。この平方根を取れば、おおよそ、

$OP = 0.866$

つまり、「私」の時計が1秒経過している間に、ロケットに乗った人の時計は0・87秒しか経過していないことになる。

これが、時間の遅れである。

このように、あるモノの世界線の長さを測ると、そのモノが経験している時間の長さが分かる。これを相対論では、**固有時**と呼ぶ。

結局、虚数とピタゴラスの定理の知識さえあれば、「私」に対して運動しているモノの時間の遅れは簡単に計算できることになる。空間軸は虚数だから、その2乗はつねにマイナスなので、あるモノの世界線の長さは「私」の時間軸の長さよりもつねに短い。それゆえ、「私」に対して動いているものの時間は、必ず遅れるのである。

空間の縮みについてもまったく同様に計算できるのだが、同じ説明を繰り返すのは煩雑になるので、それは熱心な読者の方への宿題としたい。

結局、空間を虚数としてピタゴラスの定理を使えば、時間の遅れが必然的に出てくる。これが、相対論のイメージであり、本質なのである。

ここまで読まれた方は、すでに相対論を理解したということになる。※

※相対論のテキストには、時間は虚数、空間は実数、と本書の説明とは逆になっているものが多くある。日本のテキストの多くは時間が虚数になっている。しかし、欧米の多くの本、たとえばポール・ディラック（1902〜84）の本などでは時間は実数になっている。なぜ、そんな違いがあるかというと、時間と空間を対称的なものと考えれば、数学的にはどちらでも同じことになるからである。しかし、本書を読み進めていただければ、我々が体感として感じている時間は実数でなくてはならないことが次第に分かってくると思う。

次章では、この世界線の長さ＝固有時について、もう少し考えを進めてみることにしよう。

第2章　光速で動けば時間は止まる

光の世界線の長さは？

第1章で相対論の本質部分をお話しした。本章ではそれをもう一歩進めて、相対論から明らかになる時間と空間のより不思議な性質を紹介することにしよう。

第1章で光の世界線を描いた（図1－3　27ページ）が、それをもう一度、思い起こしてほしい。動くロケットの世界線の長さを測ったのと同じ方法で、この光の世界線の長さを測ってみよう。

図2－1において、相対論の長さの単位を使えば、「私」の時計が1秒経過する間に光が進む距離は1だから、この距離1を虚数iとして、

$$OQ^2 = 1^2 + i^2$$

だが、iの2乗はマイナス1だから、

$$OQ^2 = 1 + (-1) = 0!$$

つまり、光の世界線の長さは、どこを測っても0である。

これが意味することは、

「**光の速さで動くと、時計は止まる！**」

ということにほかならない。

図 2-1　光の世界線の長さは 0

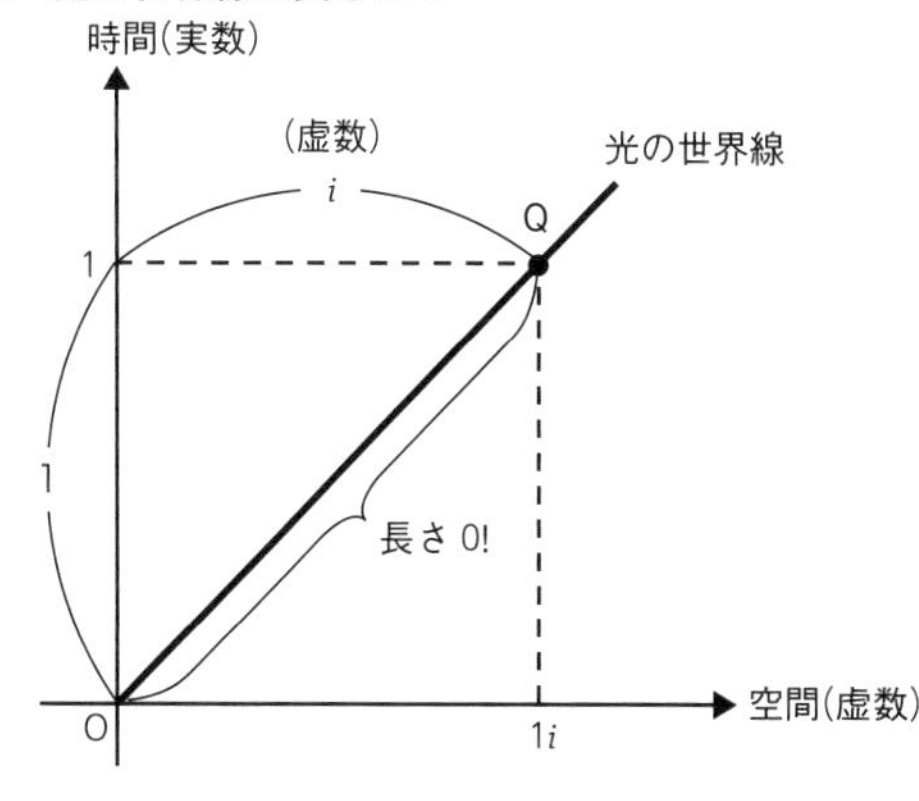

光より速く動けるか？

ついでに、光よりも速く動くロケットを考えてみよう。

図2-2（40ページ）は光の2倍の速さで動くロケットの世界線である。

このとき、線分ORの長さは、

$$OR^2 = 1^2 + (2i)^2 = 1 - 4 = -3$$

となり、線分ORの長さは$\sqrt{3} \cdot i$で虚数となる。つまり、このロケットでの経過時間は虚数になる。時間が虚数※とは意味不明であるが、常識的に、このようなことはあり得ない。すなわち、モノはけっして光より速く動けないということである。

※筋萎縮性側索硬化症（ALS）との闘病を続けた「車いすの天才科学者」スティーヴン・ホーキン

図 2-2　光速より速いロケットの世界線の長さは虚数になる

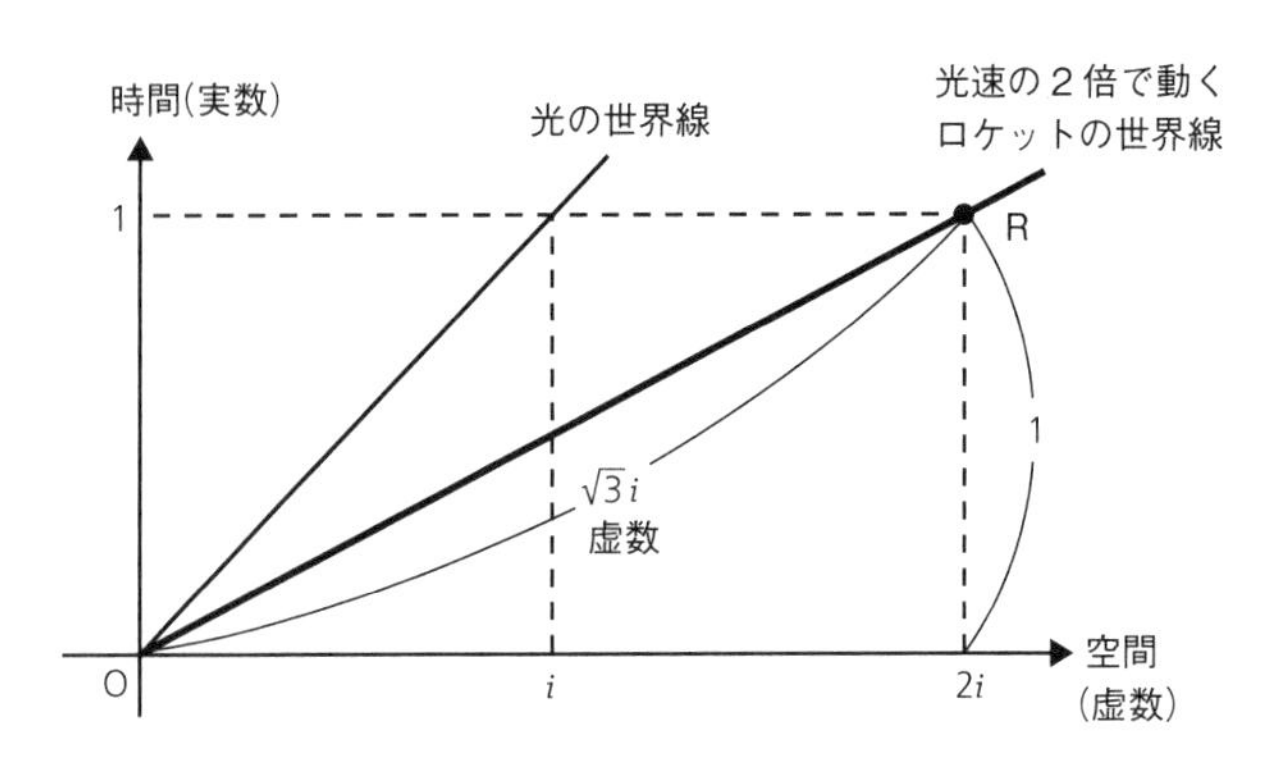

グ（1942〜2018）の本（たとえば、『ホーキング、宇宙を語る』林一訳　早川書房　1989年）に虚数時間という話が出てくるが、それはブラックホール内部の特異点を避けるために考えられたアイデアで、もっと高度で難解な話である。しかし、誤解を恐れずに言えば、時間が虚数になるということは、基本的には時間が空間に変わるということである。

相対論によれば、どんなモノも真空中の光速より速く動くことはできない。このことはいくつかの方法で導くことができる（たとえば、モノの動きがどんどん速くなると、質量が増加し、光速で無限大になるというようなことなど）が、世界線の長さ、すなわち固有時が虚数になってしまうこ

図 2-3 「私」のそばにも非因果領域が拡がる

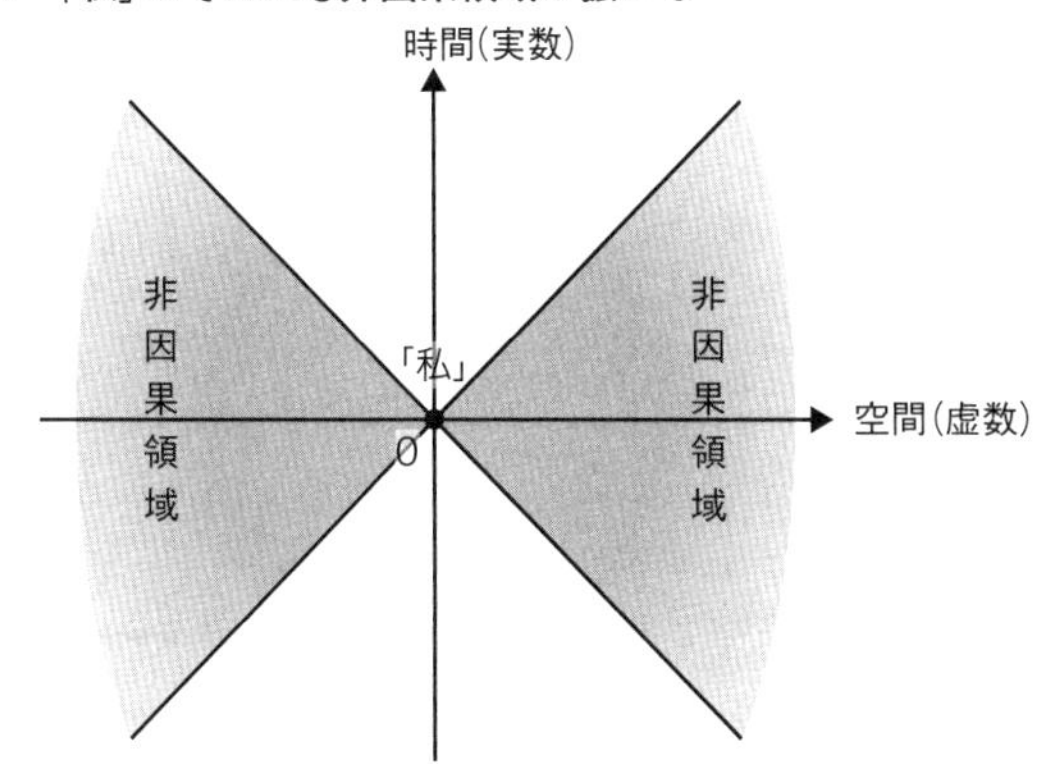

とからも言えるわけである。

「私」の周りに存在する非因果領域

以上のことを敷衍すると、「私」を中心に描いた時空のグラフにおいて、「私」が到達できる領域と、けっして到達できない（因果関係をもてない）領域が存在することが分かる。

図2-3においてアミかけした部分が、現在の「私」がけっして因果関係をもてない**非因果領域**である。非因果領域は、遠く彼方の宇宙に存在するのではなく、「私」のすぐ側に拡がっている。「私」の鼻先1センチメートルにも非因果領域が存在する。我々がなぜその存在に気付かないかと言えば、1秒という時間に対して30万キロメートルという距離があまりに大きすぎるからである。

逆に言うと、鼻先1センチメートルの非因果領域は、0・000000000033秒の後（1兆分の33秒後）に見えてくるからである。言い換えると、我々が見ている（と思っている）空間は、過去の空間なのである。我々はけっして、まさに現在の空間を見ることはできない！「純粋な」空間を我々は見ることができない。我々が見ている空間（と思っているもの）は、時間と入り交じった空間なのである。

それゆえ、我々は時間そのものを体験することはできるが、空間そのものを体験することができない。ふつう空間より時間の方が不思議だと思われているが、そういう意味では、時間より空間の方が不思議なのである（もちろん、空間より時間の方が不思議だと感じるのには理由がある。そのことについては、この後の章で明らかにしたい）。

ロケットに乗った人から相手の時計を見ると？

さて、ここで、光速の半分の速さで飛んでいるロケットに乗った人から見ると、事態はどうなっているかについて考えてみよう。

これまでの話から、「私」から見て、ロケットに乗った人の時計が遅れるということを認めるとすれば、逆にロケットに乗った人から見れば、「私」の時計は進んでいるということになりそうである。

しかし、相対性理論の「相対性」とは、「私」の立場とロケットの立場はまったく相対的であるという意味である。つまり、「私」から見てロケットに乗った人の時計が遅れるのなら、彼から見ても「私」の時計は遅れる、というのが相対性の意味である。

実際、動いているのはロケットなのか、「私」なのかを区別することはできない。[※]ロケットに乗った人から見れば、ロケットは静止していて「私」が光速の半分の速さで（反対方向に）動いているように見える。それゆえ、ロケットに乗った人から見れば、「私」の時計が遅れて見えるはずなのである。

※話が煩雑になるのを避けるため、ここまで本書では「私」とロケットの運動を、単に「静止している」「動いている」としか表現していないが、大前提として、「私」もロケットも外力を受けていないという仮定の下に話を進めている。
モノは外力を受けると、加速度運動をする。外力を受けないモノは、静止し続けるか、等速直線運動をするかのいずれかである。すなわち、モノの運動には、
①静止し続ける

②等速直線運動をする
③加速度運動をする

の3種類があるが、①と②は区別することができない。すなわち、どちらの立場に立つかによって、一方が静止、一方が等速直線運動となる。このようなモノの運動状態を**慣性系**と呼ぶ。ここまで進めてきた話はすべて慣性系である。そして、慣性系において成立する相対論は、**特殊相対性理論**と呼ばれる。それに対して、③の加速度運動する系は加速系であり、相対論ではこの立場と重力場の中にいるモノの運動が同等に扱われる。これを**一般相対性理論**と呼ぶ。一般相対論については、第3章で解説する。

しかし、これでは論理が矛盾しているように思える。Aから見てBの時計が遅れていれば、Bから見ればAの時計は進んでいるはずである。これが論理的な真理ではなかろうか？ところが、一見正しそうに見える論理の中に、我々は重大な事実を見落としている。相対論の発見がなければ、我々はその事実に永久に気付くことはなかったであろう。

その原因は、この宇宙には「私」にもあなたにも、はるか彼方にあるアンドロメダ銀河にも、共通の時間が流れているという誤った思い込みである。よく、太陽から地球に光が届くのに約8分20秒かかる、それゆえ「今この瞬間」に太陽が爆発しても、我々がそれを見るのは8分20秒後である、という言われ方をする。たしかにそのことは、おおむね正しいのだが、「今この瞬間」の太陽というところだけが間違っている。「私」にとっての「今この瞬間」というものを考えることはできる（ただし、それは非因果領域の中にある）。しかし、それが他者の「今この瞬間」と同じであるとは限らないのである。

光速は誰から見ても一定

あれこれ説明するより、グラフで見ていった方が分かりやすい。

まず、光速の半分の速さで動いているロケットから見て、光の世界線はどう見えるかを考える。

図2-4（46ページ）において、「私」の1秒が経過したとき、光は1（＝30万キロメートル）進むのに対して、ロケットは0・5（＝15万キロメートル）進んでいる。それゆえ、ロケットから光を見れば、光の速さは0・5のはずであろう。

ところが、相対論の出発点ともなった厳然たる事実がある。

それは、どんな観測者から見ても、光速は一定（＝1＝秒速30万キロメートル）という

図 2-4　ロケットから見ると、光の速さが 1/2 に見える？

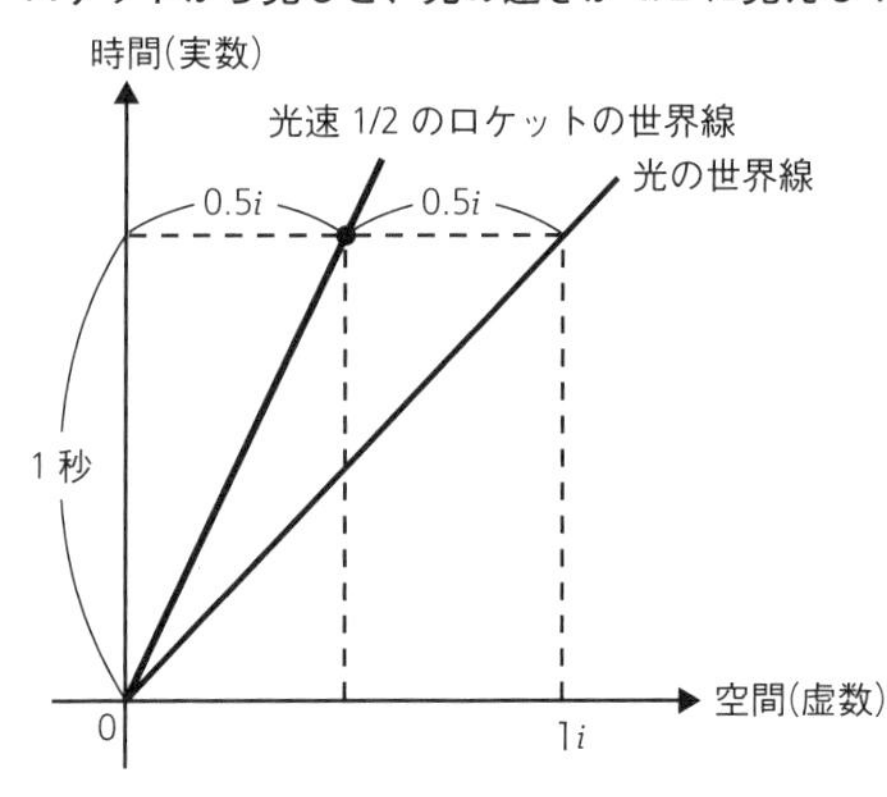

事実である。この事実と図の時空のグラフをどう両立させればよいのだろうか。

我々の間違った思い込みは、時刻0秒、1秒、2秒という時間の経過が「私」だけではなく、世界のすべての観測者から見て同じだという誤解からきている。これはまさに、全宇宙に共通の時間が流れているという誤解である。

どの観測者から見ても、光の速度が同じに見えるグラフは、一つしかない。

それは、光の世界線が時間軸と空間軸のちょうど真ん中にくるようなグラフである。

たとえば静止している「私」から見た光の世界線は、時間軸と空間軸のちょうど真ん中の傾き45度の直線である。時間軸と空間軸と光の世界線がこのような関係にあれば、「私」から見た光の速

図 2-5　光の世界線が真ん中にくるように空間軸も傾ける

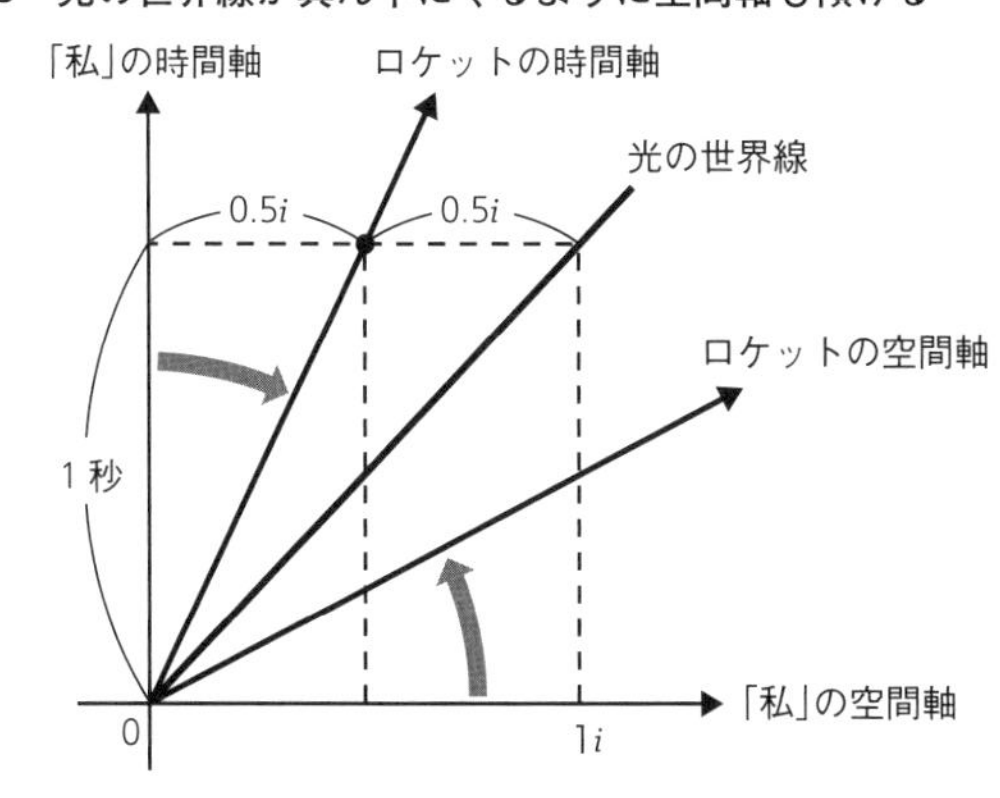

さはつねに1である。

ロケットに乗った人から見ても、光の速さがつねに1となるためには、ロケットに乗った人の空間軸も傾けて、光の世界線がロケットに乗った人の時間軸と空間軸のちょうど真ん中にくるようにするのである。

「私」の時空のグラフは時間軸と空間軸が直角に交わる直交座標系であるが、ロケットに乗った人の時空のグラフは、**図2-5**のように斜交座標系になるのである。

このように斜交座標系を取ると、時刻の読み取りが変わってくる。

図2-6（49ページ）上の「私」の座標系では、「私」の今（時刻0秒）、時刻1秒、2秒、3秒はそれぞれ空間軸に平行に真横になるが、図2-6

下のロケットの座標系では傾いた空間軸と平行に今（時刻0秒）、時刻1秒、2秒、3秒となる。そのため、同じ出来事を違う位置に見るだけでなく、違う時刻に見ることになるのである。

たとえば、図の点Pという出来事は、「私」の座標系で見ると今から0・5秒くらい未来に起こる出来事であるが、ロケットの座標系で見ると、0・5秒くらい過去の出来事になっている。

このように、同じ出来事が過去のことなのか、現在のことなのか、未来のことなのかは観測者の立場によって変わってくるのである。※

※ただし、過去、現在、未来が定まらないのは、非因果領域内にある事象だけである。非因果領域より上の領域は、時刻0を「私」と共有している誰から見ても未来なので、絶対未来と呼ばれる。逆に、非因果領域より下の領域は、絶対過去と呼ばれる。ただし、相対論そのものは時間対称な理論であり、未来と過去を区別するいかなる根拠もない。

図 2-6 「私」の直交座標系に対して、ロケットは斜交座標系になる

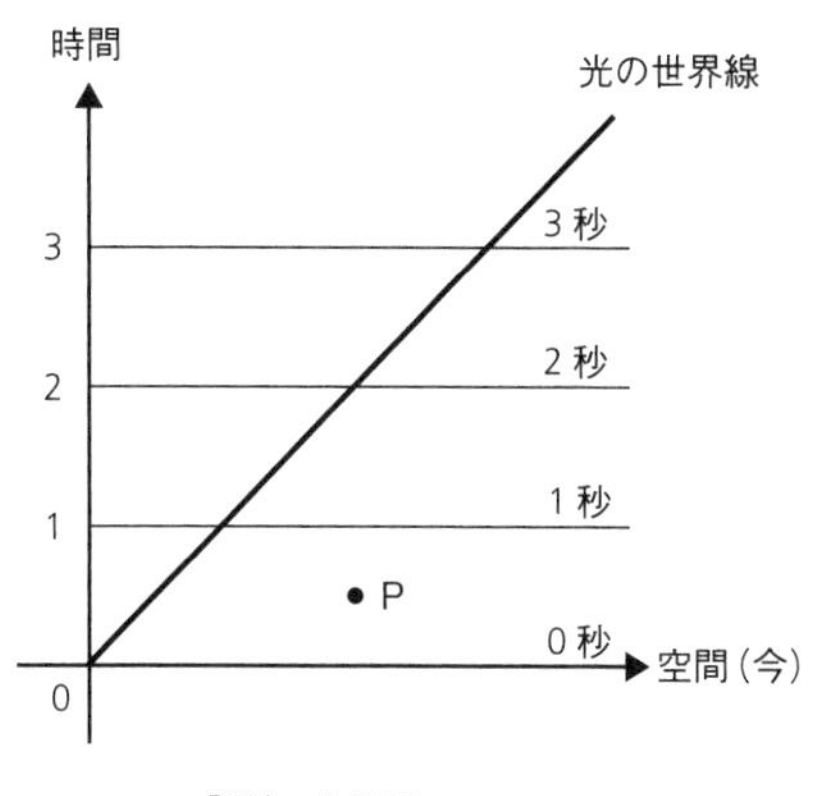

「私」の座標系

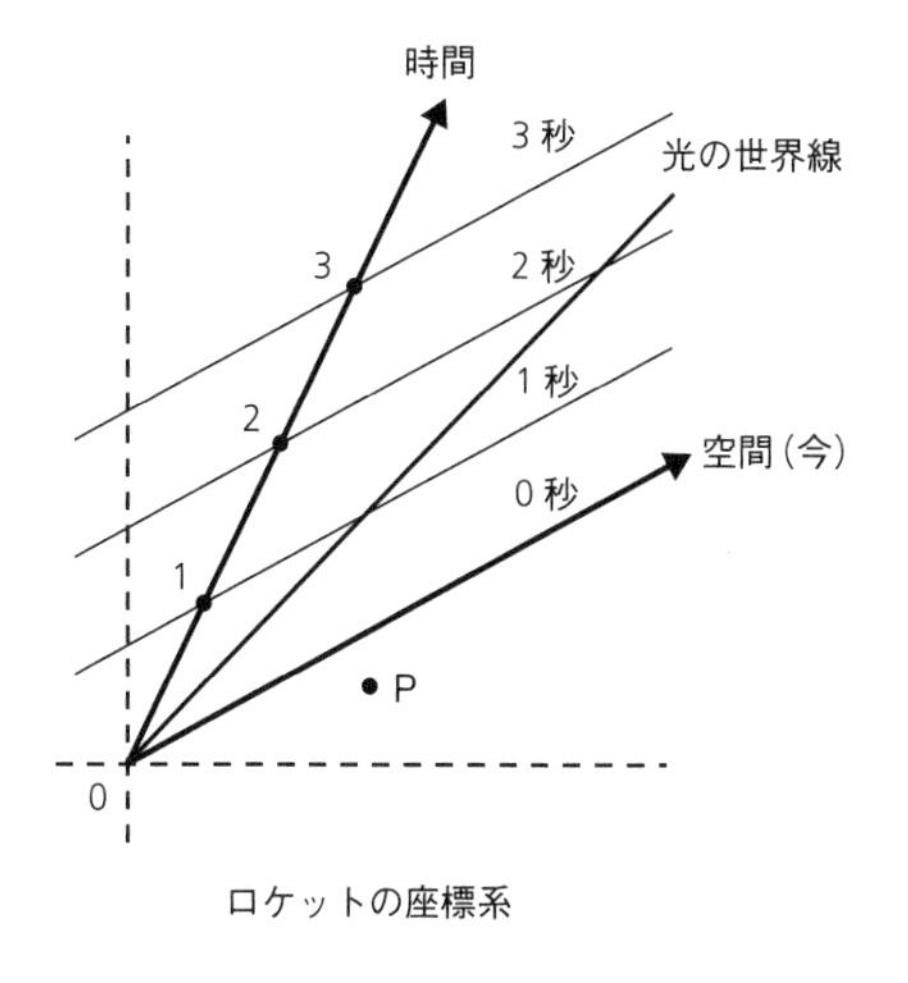

ロケットの座標系

図 2-7　ロケットから見ても「私」の時計は遅れる

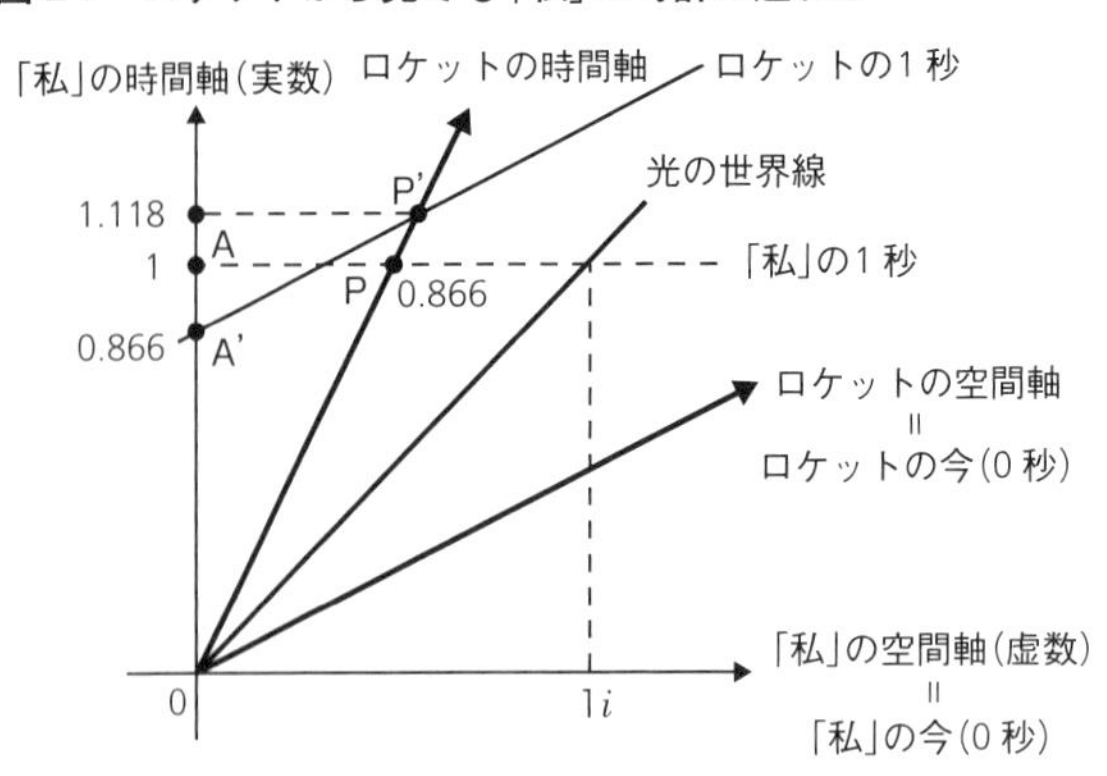

次に、ロケットから見ると、「私」の時計が進んでいるのか、遅れているのかを確認してみよう。

図2-7の点Pは、図1-5（33ページ）の点Pと同じ点で、OPの長さは0・866、すなわちロケットの中の時計が0・866秒である点である。では、ロケットの中の1秒はどこかと言えば、当然、点Pより上の点P'である（この点は、ピタゴラスの定理を使って、これまでと同様に求めることができる）。ロケットでの1秒が「私」の何秒であるかを見るためには、ロケットに乗った人の座標系で見なければならないから、P'を通るロケットの空間軸と平行な直線を引く。この直線上の事象がロケットでの1秒の事象であるが、その直線が「私」の時間軸と交わる点A'を読み取れば、点A'は点Aよりは値が小さい（つまり、「私」

の時計ではまだ1秒たっていない)。そして、ピタゴラスの定理を使ってこの値を求めれば、

OA'=0・866秒

となる。つまり、ロケットから見れば「私」の時計は遅れている。

ついでに補足しておけば、点P'はロケットの中の時計の1秒であるが、これが「私」の時間軸では1・118秒になっている。この意味は、「私」の時計が1・118秒経過したとき、ロケットの中の時計は、ようやく1秒になるということである。つまり、ロケットの中の時計は遅れている。

このように光速=1となる斜交座標系を取ることによって、双方から見て相手の時間が遅れるという一見、論理的に矛盾した結論が正当化されるのである。

あらためて強調しておきたいことは、「私」の時間は「私」だけがもつ時間であり、他者の時間とは違うものである。客観的な時間、宇宙に普遍的に存在する時間というものはないのである。

ロケットの中の「私」には時空がどう見える?

少し補足的な説明をしておこう。

これまでお話ししてきたことは、すべて静止している「私」から見た時空である。ロケットに乗った人の時間軸と空間軸は斜めになっているが、ロケットに乗った人の立場に立つと、彼らは自分の時間軸と空間軸が斜めになっているなどとはけっして思っていない。

それでは、もし「私」がロケットに乗れば、どのような時空が見えるのであろう?「私」とは、誤解を恐れずに言えば、「私」という主観をもった存在である。そして主観である「私」が体験する時間はつねに実数である。そして、空間は虚数であり、けっして体験できない非因果領域に拡がっている。

それゆえ、これまでの話でロケットに乗った人から見た時間、などという表現を使ってきたが、これはあくまで主観である「私」が、ロケットに乗った人の立場を想像している表現である。

ロケットに乗った人の時間軸が斜めに傾いているのも、もちろん主観である「私」から見ての話である。

もし、「私」がロケットに乗れば、時間軸が傾くはずはない。「私」は実数時間を体験するのだから、ロケットの中の「私」はまっすぐ時間軸方向の実数時間を体験する。

そこで、主観をもつ「私」がロケットに乗ったときに見える時空のグラフを描いてみよ

図 2-8　ロケットに乗った人の立場から見た時空のグラフ

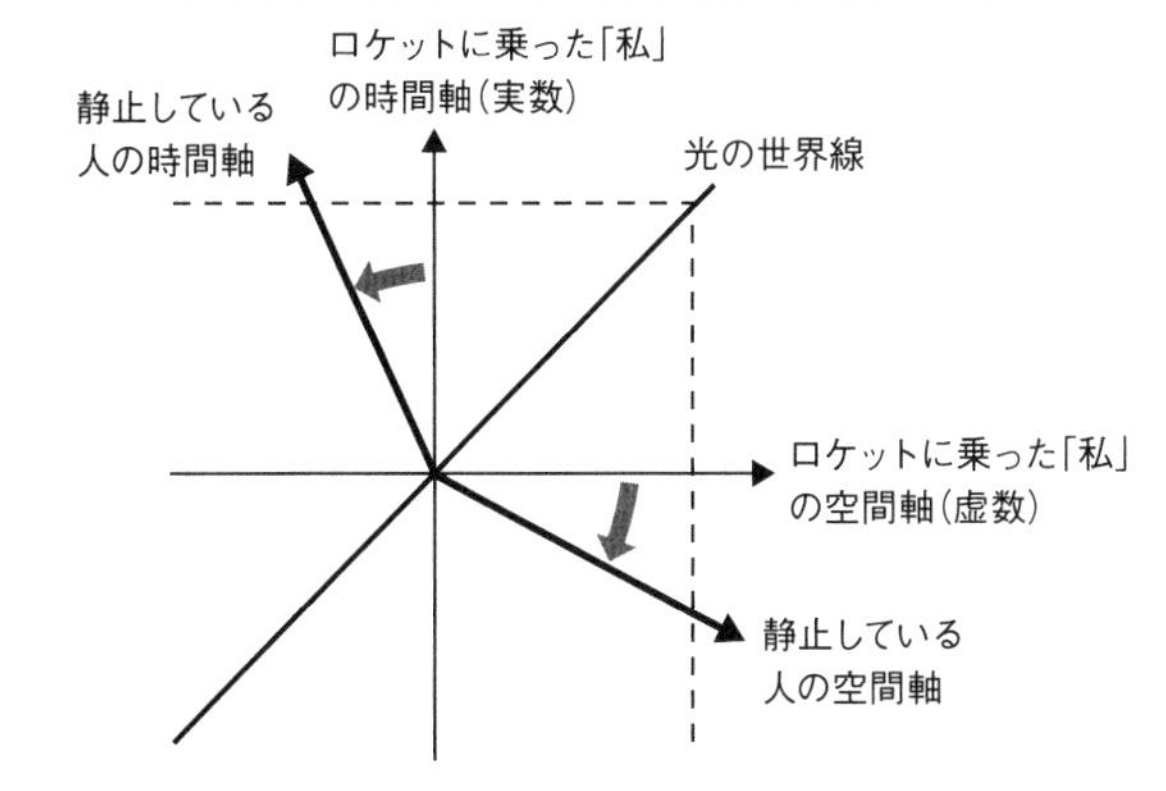

う（図2－8）。

ロケットに乗れば、静止してロケットを見ている人は、反対方向に光速の半分の速さで動いて見えるから、その時間軸は光の進む方向と反対側に動くことになる。そして、それに合わせて空間軸もまた反対側に動く。こうして、図のような座標系ができあがるが、この座標系で時間の遅れや空間の縮みを計算すれば、すべて同じ結果が得られることになる。

結局、（特殊）相対論の神髄は、互いに相対的な運動をしている立場の観測者同士が、宇宙のある事象を観測したときに、いつ、どこに見えるかを計算できるということであり、これはグラフを描いたときに、それぞれの斜交座標系の間にどのような変換公式が成立するのか、ということに尽きる。そして、その座標変換の公式は、これまで描いてきたグラフから求めることができるのである。これを**ローレンツ変換**※と呼ぶ。

※ヘンドリック・アントゥーン・ローレンツ（1853～1928）は、電磁気学の発展に大きな足跡を残した。20世紀初頭まで、すべての波には振動を伝える媒質があると信じられていた。当時、電磁波の媒質はエーテルと呼ばれていたが、エーテルそのものは発見されていなかった。エーテルに関する奇妙な性質を、ローレンツは電磁気学の法則を用いて、ローレンツ収縮という考え方で説明した。その数学的理論は1904年に完成していたが、それはその直後にアインシュタインが提唱していた相対論による時間の遅れ、空間の縮みの式とまったく一致していた。それゆえ、相対論におけるその式は、ローレンツ変換と呼ばれることになった。しかし、ローレンツは旧来の時間・空間概念に固執し、最後まで相対論を是とはしなかった。

相対論の多くのテキストは、時間の遅れや空間の縮みからローレンツ変換の式を導いているが、本書の付録2（211～216ページ）に、時空のグラフから変換公式を導く方法を掲載しておく。

第3章　さらに不思議な一般相対論

加速や重力が関わってくる一般相対論の世界

第2章までで、宇宙の「器（うつわ）」である時間と空間が、絶対的なものではないということを述べてきた。繰り返し強調しておくが、「私」が体験している「今、この瞬間」という時間は、「私」だけのものであって、他者と共有しているものではないのである。

このことをより深く理解していただくために、あと少しだけ相対論の小難しい話をさせていただきたい。

それは、加速している系や重力が存在するときの相対論、すなわち一般相対論のお話である。

加速し続けるロケットは光速に迫れるか?

まず、一定速度ではなく、加速している（だんだんと速くなる）ロケットの話をしよう。

始めに、「私」と同じ場所で静止していたロケットが加速していく様子をグラフにすると図3－1のような曲線になるはずである。

なぜなら、静止しているモノの世界線は時間軸に平行であるが、速くなるにつれて時間軸から傾いていくからである。

図 3-1　加速するロケットの世界線

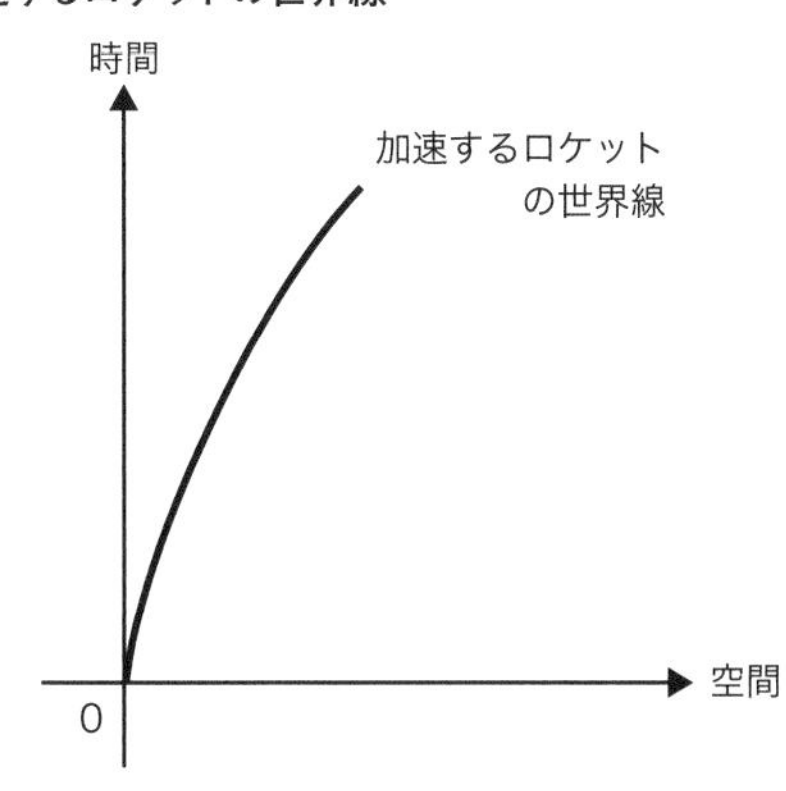

　ロケットには無限の燃料があり、どこまでも加速し続けるとする。そうすると世界線の時間軸からの傾きは大きくなっていくが、どんなに加速しても45度以上には傾かない。なぜなら、時間軸と45度傾いた直線は光の世界線であり、モノはけっして光速を超えることはできないからである。

　加速し続けるロケットの世界線は限りなく45度の傾きに近づくので、**図3－2**（58ページ）のように45度の傾きの漸近線をもつこととなる。

　45度の傾きをもつ世界線は、光の世界線以外の何ものでもないから、この漸近線は、「私」の時刻0に図の点Pから出た光の世界線であることがわかる。この光の世界線はけっしてロケットの世界線と交わることがない。言い換えれば、点Pから出た光はけっしてロケットに届くことがない。

図 3-2　点 P から出た光の世界線は、加速し続けるロケットの世界線の漸近線となる

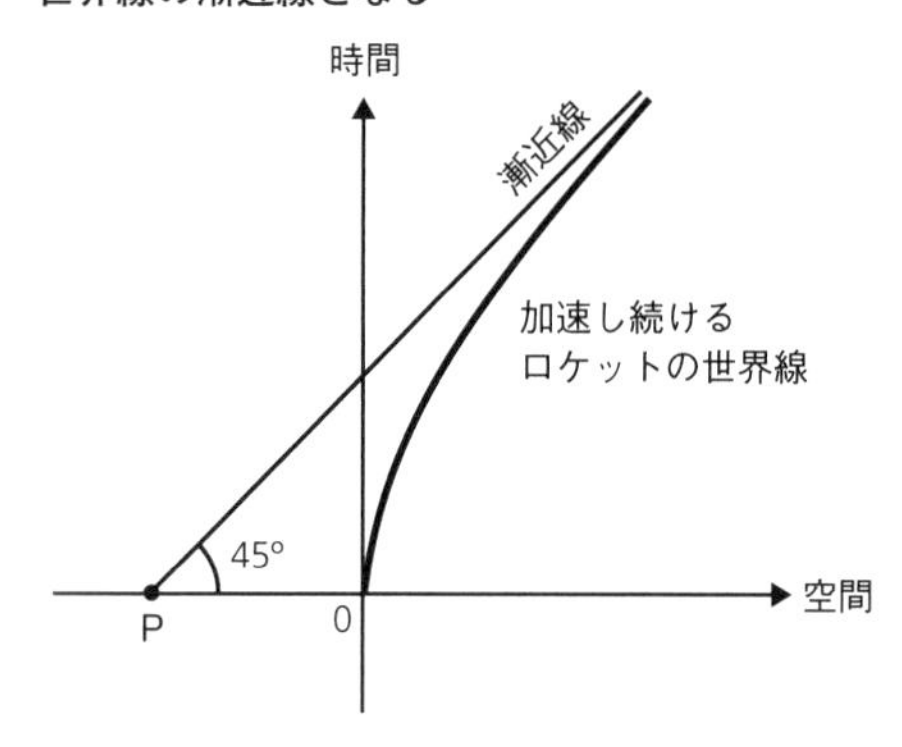

これをロケットに乗った人の立場で考えると、点P（およびグラフ上で、それより左側）からの光が届かない、すなわちけっして見ることができない領域である。いわば時空の壁がそこに生じていることになる。

この状況はブラックホールと非常によく似ている。ブラックホールの表面（**シュヴァルツシルトの障壁**と呼ばれる）からの光は、けっして外の観測者に届くことがない。ブラックホールの表面にある光は、そこに「凍結」されて動けないのである。これはブラックホールの表面で光の速さが0になっていると考えてもよいし、時間の遅れが限界までできて、時間が止まっていると考えることもできる。※

※光の速さが0になるのはおかしいと思われるかもしれない。しかし、光速が一定というのは、あくまで外力のない慣性系でのことであり、特殊相対論においてのみ成立することである。加速系や重力場の下では（一般相対論の下では）、光の速さは0から無限大まで変化しうるのである。

加速し続けるロケットに乗った人から見ると、点Pはシュヴァルツシルトの障壁と同じ時空の壁であり、それより向こう側（グラフ上の点Pの左側）の空間はけっして見ることができない。

ちなみに、もしロケットの加速度を地球の重力加速度と同じ1g（ジー）にすると、この時空の壁はロケットの出発点の後方、約1光年の距離にできることになる。1光年という距離は宇宙の広さに比べれば非常に小さいから、時空の壁は、ごく目と鼻の先に生じていると考えてもよい。もちろん、1gの加速度を長時間にわたって保ち続けることは現在の技術では無理であるが、ごく短時間であるなら、スペースシャトルのようなロケットでも1gより大きな加速度に達することは実際にあるから、少なくともその間は、ロケットに乗っている人にとって後方に時空の壁が生じていることになる。

図 3-3　加速をやめたロケットは、必ず点 P からの光を見る

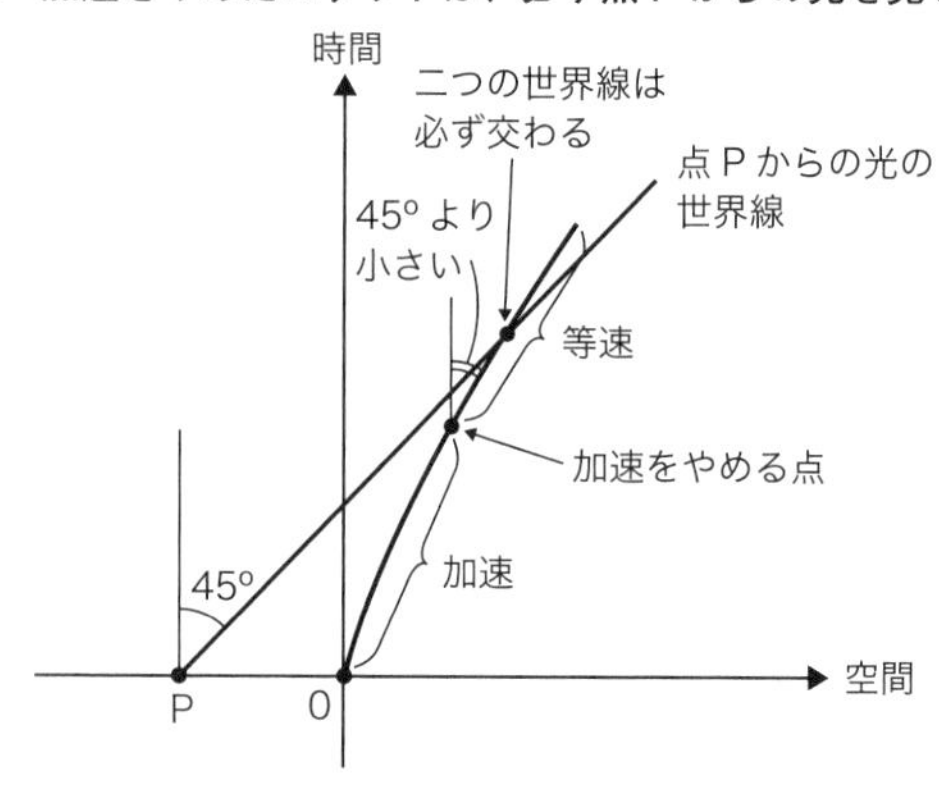

しかし、ロケットが加速をやめると、事態は一変する（**図3－3**）。

ロケットが光速にきわめて近い速さで動いていても、光速よりは遅いのだから、ロケットの世界線の時間軸からの傾きは45度より（わずかではあるが）小さいはずである。よって、必ず点Pからの光の世界線である漸近線（その時間軸からの傾きは45度）とどこかで交わることになる。すなわち、点Pが見えることになる。もちろん、点Pより左側の空間も、次第に見えてくることになる。こうして、加速をやめた瞬間に時空の壁は消滅するのである。

加速するロケットから見た時空は、いわば本当の時空ではなく、作られた時空である。時空の障壁は加速という操作によって初めて生まれるものだから、見かけ上の障壁と言ってもよい。
しかし、この宇宙には、加速という操作なしに同じ状況が生まれる場合がある。
それは重力場の存在によって生まれる時空である。

触れずに伝わる力の等価原理

電車の中でボサッと立っていると、電車が動き始めたとたんに進行方向と逆にのけぞりそうになる。あるいは動いている電車が急ブレーキをかけたとたん、進行方向につんのめりそうになる。誰かに押されたりすれば、のけぞったり、つんのめったりするが、誰もあなたを押しているわけではない。あの力はいったいどこからきているのだろうか（図3-4）。

エレベーターに乗っていても、わずかではあるが、床に押しつけられるような、あるいは宙に浮き上がり

図 3-4　加速系では慣性力が見えてくる

そうな力を受ける。

これは、電車やエレベーターが加速や減速したときに感じる力であり、力学では**慣性力**と呼ばれている。

ふつう、モノに力を及ぼすには、モノを押したり引いたり、直接そのモノに触れなければならない。物理の世界では念力は存在しないのである。

ところが、慣性力はモノ（たとえば電車の中にいる人）に直接触れることなしに力を及ぼすことができる。電車の中の人は宙に浮いているわけではなく、電車の床に触れているが、電車の床が慣性力を伝えるわけではない。床は摩擦力を伝えるだけであり、慣性力とは何の関係もない。


納得いかない人のために、このことをもう少し詳しく説明しておこう。

電車の中で立っている人が、電車が動き始める（すなわち、加速運動を始める）ときにのけぞる理由は二つの立場から説明することができる。

まず、電車の外で静止している人の説明である。この場合、慣性力は見えない。

電車も人も静止している状態から何もしなければ、電車も人も静止し続ける。このとき、電車だけが動き始める（加速する）と、床に立っている人は静止し続けようとするから、接触している床からの摩擦力によって電車に引っ張られる。そのため、のけぞるわけである。もし、床に触れずに宙に浮いていれば、電車だけが動き始め、宙に浮いている人はそこに留まる（宙に浮いている風船のようなものを考えれば分かりやすい）。

これを電車の中にいる人の立場で説明すると次のようになる。

自分の足が床についている以上、その人は電車とともに動くのだが、窓の外の景色を見ないかぎり、自分が動いているようには認識しない。自分は電車の中で電車とともに静止している。そこで、外から見ている人にとっては電車が動き始めるのだが、電車に乗っている人からすると、電車は止まっているのに自分が後ろにひっくり返りそうになる。この自分を後ろに押す、あるいは引っ張る力こそが慣性力なわけである。

もちろん、床が慣性力を及ぼすわけではない。見えない不思議な力が自分をのけぞらせるのである。

そういう意味で、慣性力は見かけ上の力と言えるだろう。

ところで、直接触れていないのにモノに働く別の力を、我々はよく知っている。

それは重力である。

重力は我々に身近な力であるが、考えれば非常に奇妙な力である。我々は生まれたときから地球の重力の下に生きているので、重力を奇妙だとは思わないのだが、実はこんな不思議な力はない。ふつう触れられもしないのに、引っ張られるなどという現象は、けっして起こらない。

そういう意味で、重力は慣性力に非常によく似ているのである。ただ、慣性力は見る立場によって見えたり、見えなかったりするのだが、重力はあらゆるものに働く。万有引力と呼ばれるゆえんである（しかし、この後見るように、あたかも重力が消えたように見えることがある）。

次のような思考実験をしてみよう（図3-5）。

まったく同じ形をした二つのロケットAとロケットBがあり、ロケットAにはA氏が、ロケットBにはB氏が乗っている。どちらのロケットにも外を見ることができる窓が付いているのだが、初めこの窓は閉じていて、A氏もB氏もロケットの外の景色は見えない。

今、ロケットAは宇宙空間を地球の重力加速度と同じ一定の加速度1gで加速し続けて

図 3-5　ロケットの内部の人には、慣性力と重力の区別はできない

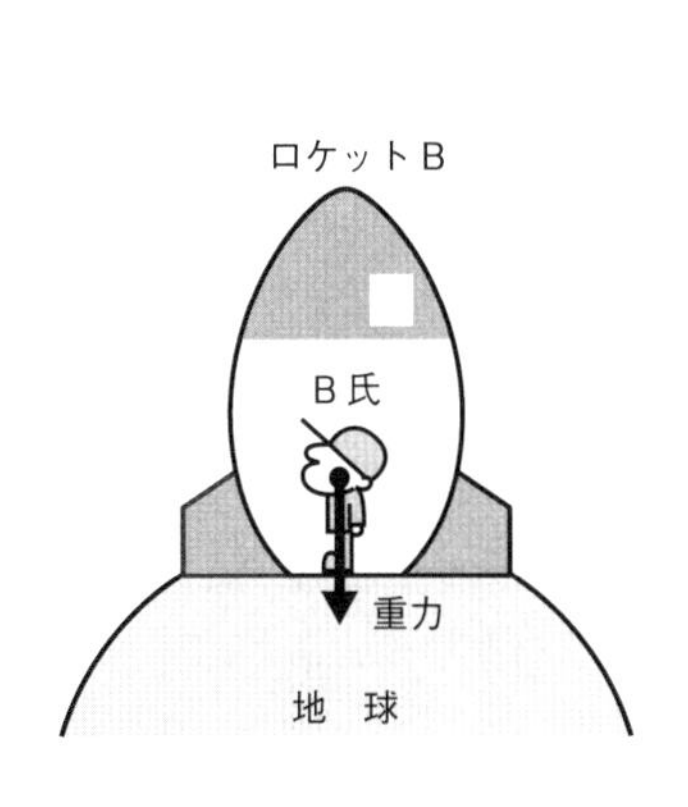

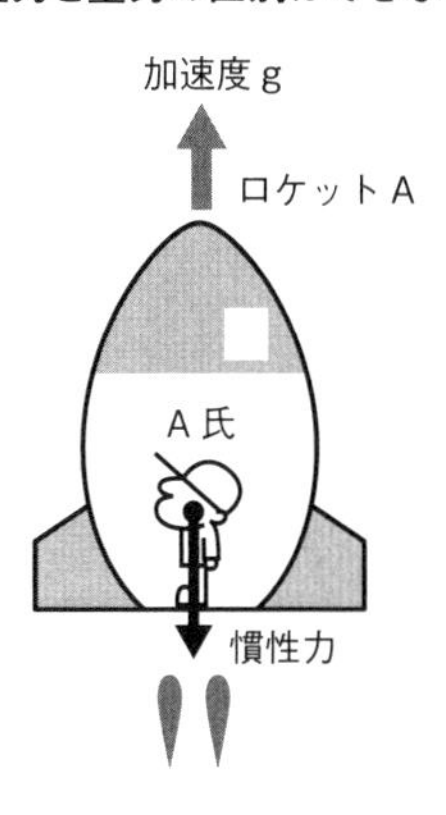

いるとする。

一方、ロケットBは地球の表面に静止しているとする。

これまでの説明で、A氏には慣性力が働いていることがお分かりであろう。もし、A氏の質量がmであるなら、A氏に働く慣性力の大きさはmg（質量m×加速度g）である。

またB氏には、ロケットが静止しているので慣性力は働いていないが、地球表面にいるから、地球の重力を受ける。B氏の質量もmとすれば、B氏に働く重力はmgである。

このとき、A氏とB氏は自分が置かれた状況が、加速中のロケットの中か地球上に静止しているロケットの中かを区別する方法はあるだろうか。

答えは「NO」である。

慣性力も重力も、直接触れるもののない遠隔力なので、どんな測定器を用いてもその力の原因を特定することはできないのである。

これを一般相対論では、慣性力と重力の**等価原理**と呼ぶ。

一般相対論では、この原理を出発点として、重力場における相対論が展開されていく。もちろんロケットに付けられた窓を開けて外の景色を見れば、自分がどこにいるかはすぐ分かる。

とはいえ、これは、「窓の外に星空が見える」とか「窓の外に野原が見える」といったことではない。

ロケットの内部という狭い空間ではなく、遠い空間まで見通せば、慣性力あるいは重力の場の様子が違うのである。

図に描いてみよう（図3-6）。

慣性力の場は、ロケットの内部も遠方の空間も一様であるのに対して、重力場は地球から遠ざかるにつれて小さくなっていく。もし、地球の中心に地球の全質量が集まって重力場を作っているとすれば、地球の中心方向の重力場はどんどん大きくなっていく。

図 3-6　遠くまで見れば、重力と慣性力の区別はできる

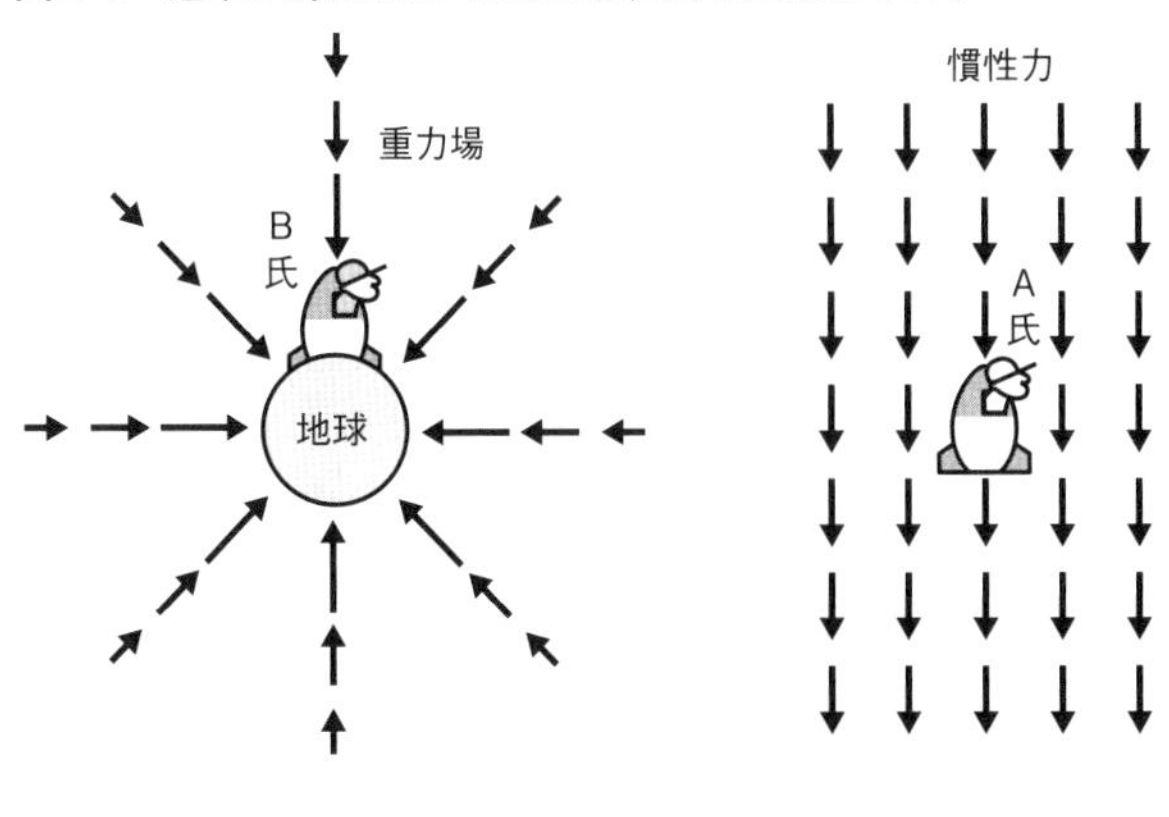

　このように慣性力と重力は、狭い領域では区別がつかないが、広い領域を見れば、区別できる。よって、先ほど紹介した等価原理は、正確には「慣性力と重力は**局所的**に等価である」と言わねばならない。
　そして、一般相対論では、広範囲を見れば重力場が変化している状況を、時空の歪み（ゆが）みと理解するのである。

ブラックホールへ落下するA氏

　一般相対論の入門編が長くなってしまったが、ここから本章の結論へと一気に進んでいくことにしよう。

　これまで述べてきた一般相対論の考え方を使って、ブラックホールへ落下する人の時空について

図 3-7　障壁に近づくにつれて光速は遅くなっていく

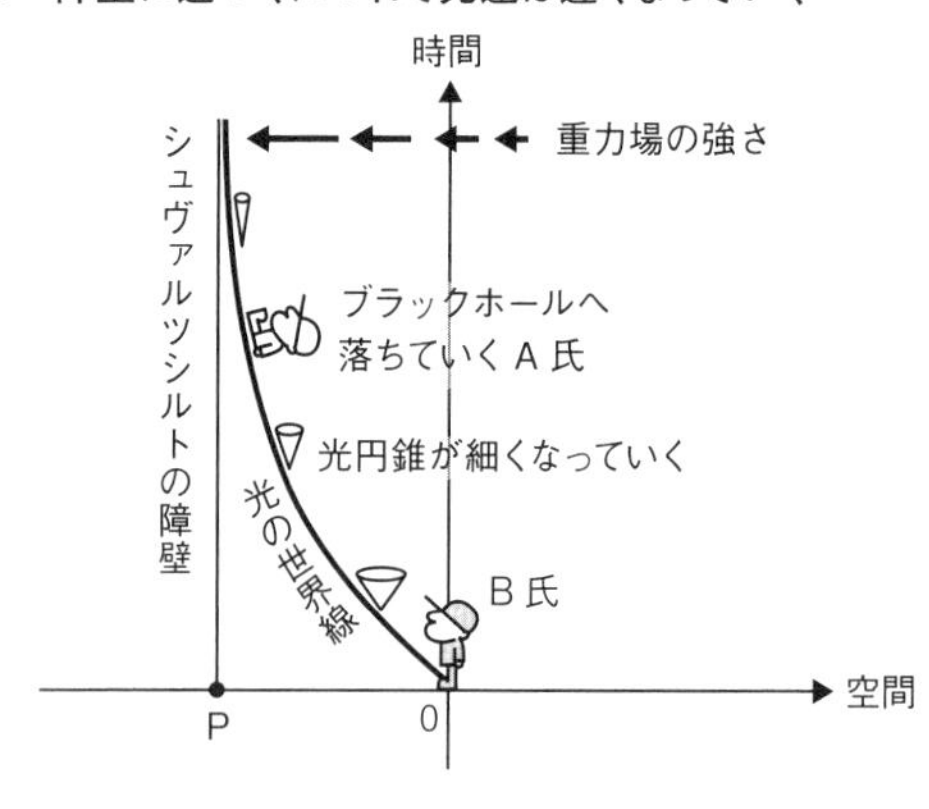

考えてみる。

宇宙のある場所にブラックホールがあり、このブラックホールに向かってA氏が自由落下しているとする。

また、ブラックホールから離れたどこか（たとえばブラックホールを周回している伴星上など）から、A氏の落下を見ているB氏がいるとする。

まず、B氏の立場に立って、A氏の動きがどのように見えるかを時空のグラフを使って考えよう。ブラックホールへ落下するA氏の世界線の詳細を描くことはここでの目的ではないので、A氏はほとんど光と同じようにブラックホールの表面（点P）に向かっているとする。そうすると、B氏の座標系から見たA氏の世界線は、**図3－7**のようになる。つまり、A氏の世界線は、B氏の位置か

図 3-8　A 氏は湾曲した空間を落ちていくと考えてもよい

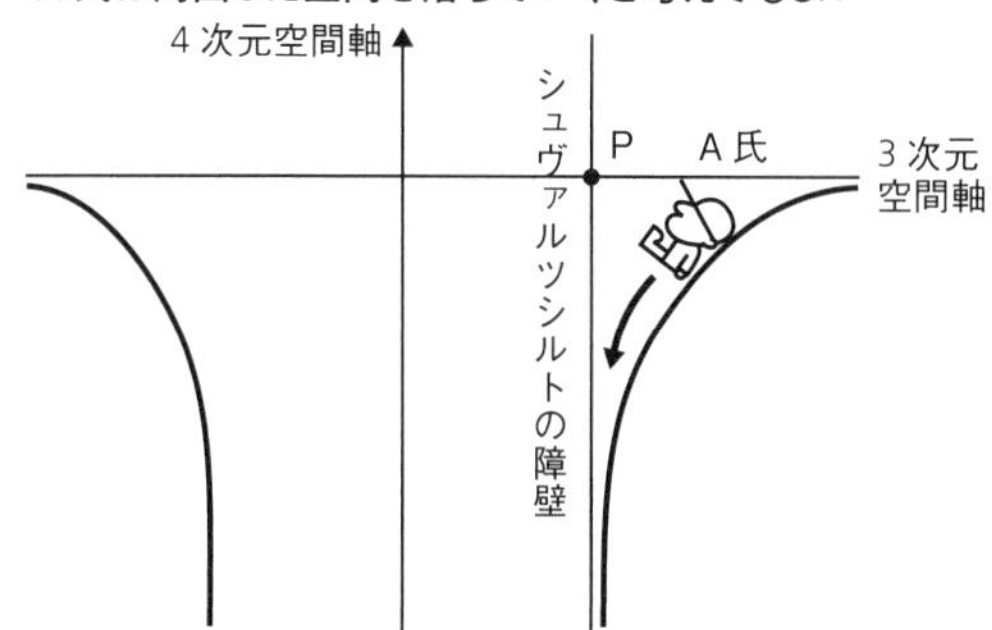

図は 3 次元空間を 4 次元空間から見た模式図で、横軸が我々の認識できる 3 次元空間軸、縦軸は 4 次元空間軸である。

らブラックホールへ向かっている光の世界線とほぼ一致する（細かいことにこだわる人は、ブラックホールへ落下していくのは、A氏ではなく、光だと思ってもらえればよい）。

特殊相対論では、光速は一定でその世界線は時間と空間の真ん中の45度の傾きをもった直線であった。しかし、すでに述べたように、重力場のある一般相対論では光速は一定ではなく、重力場が強くなると、光速はどんどん遅くなる。その極限がブラックホールの表面（シュヴァルツシルトの障壁）で、そこでは光は静止してしまう。外から落ちてきた光（およびA氏）はブラックホールの中に入れないし、ブラックホールの中からは光を含めて何ものも出てくることができない。これは、ブラックホールの表面では時間の遅れが極限に達し、時間が止まったと考えてもよい。
あるいは、**図3-8**（69ページ）のように時空が湾曲していて、重力場のない時空に対して90度になって、B氏の立場で見ているとすべてのモノがブラックホールの中心方向（図の左方向）には動けなくなったと見なしてもよい。

好奇心旺盛な人は、以上の一連の説明について、「それで、本当はどうなっているのですか？　本当に時空が歪んでいるのですか？　それとも、時空はまっすぐで光の速度だけが遅くなっているのですか？　どちらが本当なのですか？」と尋ねるかもしれない。
それについて、理論物理学者のキップ・ステファン・ソーン（1940〜）は次のように書いている。
「何が実在の、正真正銘の真実なのか？（中略）（時空は）実は平坦なのか、それとも本当に湾曲しているのか？　この問いは物理的な帰結をもたないので、私のような物理学者には興味がない」[*1]
つまり、真実は何かを物理学的に知るには、測定をするしかないわけで、その測定結果だけを真実とするしかない。だから、どちらでもよろしい、とこう言っているのである。

こんなことが言えるのは、ソーンが並外れた天才だからである。ソーンは２０１７年に重力波の観測への貢献によってノーベル物理学賞を受賞しているが、ただのノーベル賞学者ではない。「ブラックホールにおける裸の特異点は存在するか」というホーキングとの賭けに勝った話とか、映画『インターステラー』（２０１４年）のアドバイザーとしてブラックホールの視覚的描写の具現化に貢献した話とか、面白い話題は枚挙に遑がない。

筆者はソーンのように研ぎ澄まされた物理学者ではないので、空間が平坦か湾曲しているかについては大いに興味があるのだが、そんなことよりもっと重大な事実があることをこのあと指摘したい。

B氏から見ると、ブラックホールに落下していったA氏は、ブラックホールの表面で「凍結」し、永遠にブラックホールの中に入ることができない。これが一つの事実である。

次に、ブラックホールに落下しているA氏の立場に立って時空を見てみよう。

A氏は重力場の中を自由落下しているので、加速度運動をする。すなわち、A氏には慣性力が働いている。その様子は**図3-9**（72ページ）のようである。

これは、地球の上空から自由落下しているモノや、国際宇宙ステーションの内部で無重量状態にある人と同じで、重力と慣性力がつりあって（打ち消し合って）、あたかも外部

図 3-9　A 氏の立場から見てみると

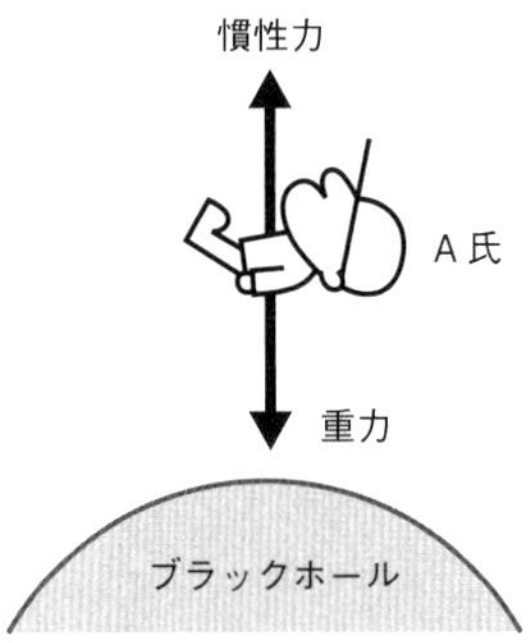

重力と慣性力がつりあって、A 氏はあたかも慣性系（静止系）にいるのと同じ状態になる。

から力を受けていない状態になっている。つまり、このときA氏の時空は、重力場のない慣性系（静止系）にいるのと同じなのである！

よって、A氏がもつ時空のグラフは、**図3－10**のようになる。

時刻0に点Pにあるブラックホールの表面は、時間が立つにつれてA氏に近づいてくる。しかし、A氏の周囲の時空に歪みはなく、よってA氏の時間が遅れることもなく、A氏は『インターステラー』の主人公のように、そのまますーっとブラックホールの内部へと入っていく。もし、潮汐力がなければ※、A氏はブラックホールに入ったことも気付かないうちに、ブラックホールの内部にいることになるだろう。

図 3-10　A 氏はごく自然にブラックホールの中へ入っていく

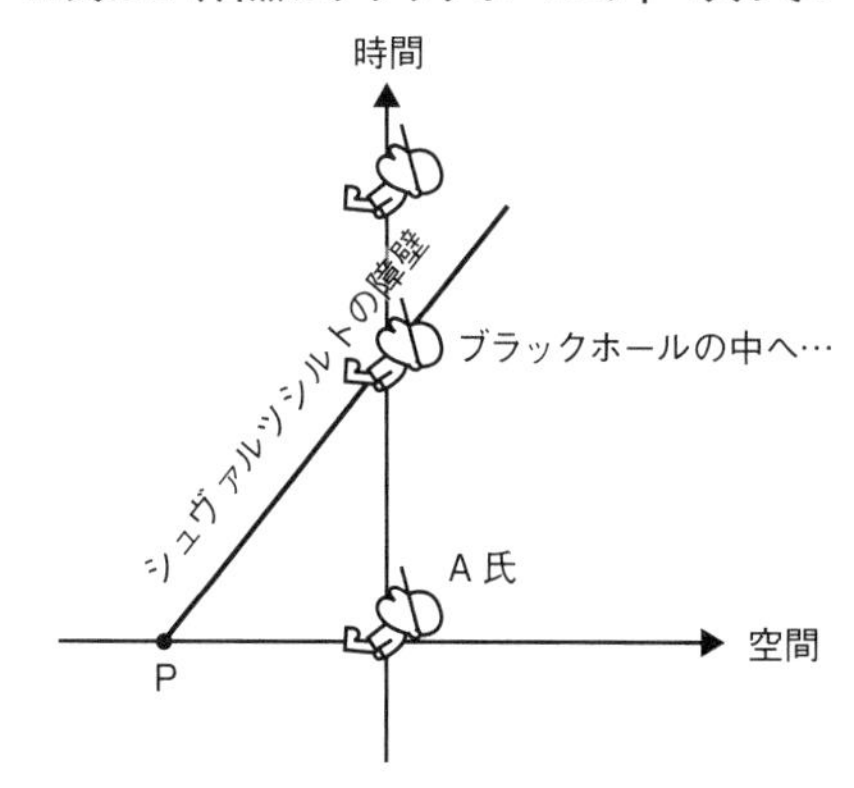

※大きさのあるものに重力が働く場合、モノの部位（人間なら頭とか足とか）によって重力の大きさがわずかに異なるので、潮汐力が現れてくる。ブラックホールのような強力な重力場では、一人の人間の頭に働く重力と足に働く重力の差が、その人を引きちぎってしまうくらいに巨大な潮汐力となって現れるのである。大きさのない質点であれば、このようなことは起きない。

以上のようなドラマチックな（？）思考実験をすれば、ほとんどの人はこう思うだろう。

「B氏が一生かけて待っても、A氏はブラックホールの中に入らないのに、A氏自身はごく短時間の間に、何の邪魔もされずにブラックホールの中へと入っていく。いったい、どちらが本当なんだ？」

この疑問に対する唯一の納得できる答えは、一つしかない。B氏の見る時空も本当の時空であるし、A氏の見る時空も本当の時空である。さらに言えば、この宇宙のどこにも客観的な「本当の」時空など存在しないということである。そういう意味では、誇張した表現ではあるが、A氏の時空もB氏の時空も客観的ではない「主観的な」時空なのである。これはA氏とB氏だけに適用されるものではないから、結局、

時空とは主観的なものである！

ということになる。

A氏やB氏は、相対論の言葉で言えば観測者である。つまり、この宇宙には唯一真実の客観的な時空というものは存在せず、それぞれの観測者がそれぞれの時空をもっている。観測者の数だけ時空が存在するのである。

時間と空間は幻影（イリュージョン）である

本章の結論は、時間と空間は幻影であるというものである。しかし、このことはわざわざ一般相対論の話をせずとも、第1章の相対論の入門のところで明らかになっているので

ある。なぜなら、物質が消滅して光のような質量のないものばかりになった宇宙では、我々が知っているような時間も空間も消え去ってしまうからである。ただ、その段階で筆者がいくら時空はイリュージョンだと主張してみても、納得いただけないであろうから、一般相対論の世界、ブラックホールへ落下するA氏という思考実験を紹介したわけである。

ここで時空がイリュージョンであるということを、きわめて論理的に証明してみたい。

まず、この宇宙に観測者を抜きにした客観的な時空というものは存在しない。それぞれの観測者が、それぞれの時空をもつ。日常、我々が付き合っている人間同士では、このことはほとんど認識できない。なぜなら、地球上で右往左往している観測者同士のもつ時空は、ほとんど区別がつかないくらいよく似ているからである（しかし、第1章の冒頭で述べたように、最近はGPSの技術が進歩して、その違いを測定できるようになってきている。つまり、今お話ししていることは、単なる論理ではなく、科学的事実なのである）。

さて、この宇宙には無数の観測者が存在するだろうが、その数は有限である。ここで観測者というのは、測定装置をもった人間を想像してしまうが、実は人間でなくてもよい。動物が観測などするか？――と思われるかもしれないが、観測者というのは言葉のあやで、質量をもった物質、一つの素粒子が一つの観測者だと見なしてよい。なぜなら、それぞれの素粒子はそれぞれの時空をもっているからである（素粒子の寿命は、素粒子の固有時で計られる）。

次に、一人の観測者、あるいは一つの素粒子が消滅したとする（素粒子の消滅は日常茶飯事で、今も無数に起こっている）。そうすると、その素粒子がもっていた時空は消滅する。

次に、別の観測者（あるいは素粒子）がまた消滅する。そうすると、この観測者がもっていた時空も消滅する。

もちろん、消滅ではなく生成されることもあるわけだが、今は消滅のことだけを考える。論理としては同じだから、イメージを喚起するために、人間の観測者を考える。今、この宇宙に100人の観測者がいたとすれば、この宇宙には100個の異なった時空が存在する。

この中の一人の観測者がいなくなると、一つの時空が消滅する。もう一人の観測者がいなくなると、もう一つの時空が消滅する。このようにして、次々に観測者がいなくなると、宇宙に存在する時空もどんどん減っていく。

そして……「そして、誰もいなくなった」

すべての観測者がいなくなれば、どうなるだろう？

当然、すべての時空は消滅する。

この宇宙から、時間と空間は消え去るのである。

宇宙の始まりと終焉

宇宙はビッグバンで始まったことは、確かなようである。

それでは、宇宙の終わりはあるのだろうか？

現在の宇宙論では、宇宙は加速膨張していて永遠に膨張を続けるらしい。

たとえば、1兆年後の宇宙の様子を想像するに、ほとんど真空の空間に核反応が終わり、白色矮星となった、冷え切った星々がぱらぱらと存在するという殺風景なものかもしれない。そのとき、膨張速度はほとんど光速になっているであろうから、その膨張宇宙の大きさは1兆光年にも及んでいるであろう。

このような茫漠たる光景が宇宙の永遠に続く終末なのだろうか。

しかし、ここに一つの疑念がある。冷え切った星々を構成しているのは、素粒子である。

おそらく、陽子や電子といった安定と思われている素粒子である。

しかし、陽子や電子は本当に安定なのだろうか？　無限に近い時間のうちに崩壊するということはないのだろうか？

陽子が崩壊するかどうか、というのは物理学の大問題であり、多くの物理学者がそのことを調べている。まだ、結論は出ていないが、研究が続けられているということは、崩壊する可能性もある、ということである。

陽子や電子は宇宙に最後に残った「観測者」である。もし、これらの素粒子が崩壊し、この宇宙から質量をもった素粒子が消滅したら何が起こるのか？

当然、時間と空間も消滅する。

これまで、質量という言葉にこだわったのには理由がある。

素粒子には質量をもたないものもある。たとえば、光は素粒子であるが、質量をもたない。そして、質量をもたないものは、すべて光速で動く。光速で動くと、その立場に立つと時間が止まり、空間がぺしゃんこになる。つまり、質量をもたず光速で動いている素粒子にとっては、我々が考えているような時間と空間は存在しないのである。

1兆光年もの巨大な空間が、一瞬のうちに無になる。

これは、お釈迦様と孫悟空の話を思い起こさせる（図3-11）。

何億光年、何兆光年、何百兆光年、とどんなに宇宙を飛んでいっても、それはお釈迦様の掌（てのひら）の上での遊戯にすぎなかった、ということは、実際に起こり得ることなのである。

宇宙の始まりに時空はなかった

　質量をもつ素粒子がすべて消滅する、という可能性はあるのだろうか。それは「ある」と言わざるを得ない。

　なぜなら、質量は宇宙に最初から存在していたわけではないからだ。

　現在の素粒子論の土台である標準理論では、素粒子には質量がないこ

図 3-11　お釈迦様の掌の上の孫悟空

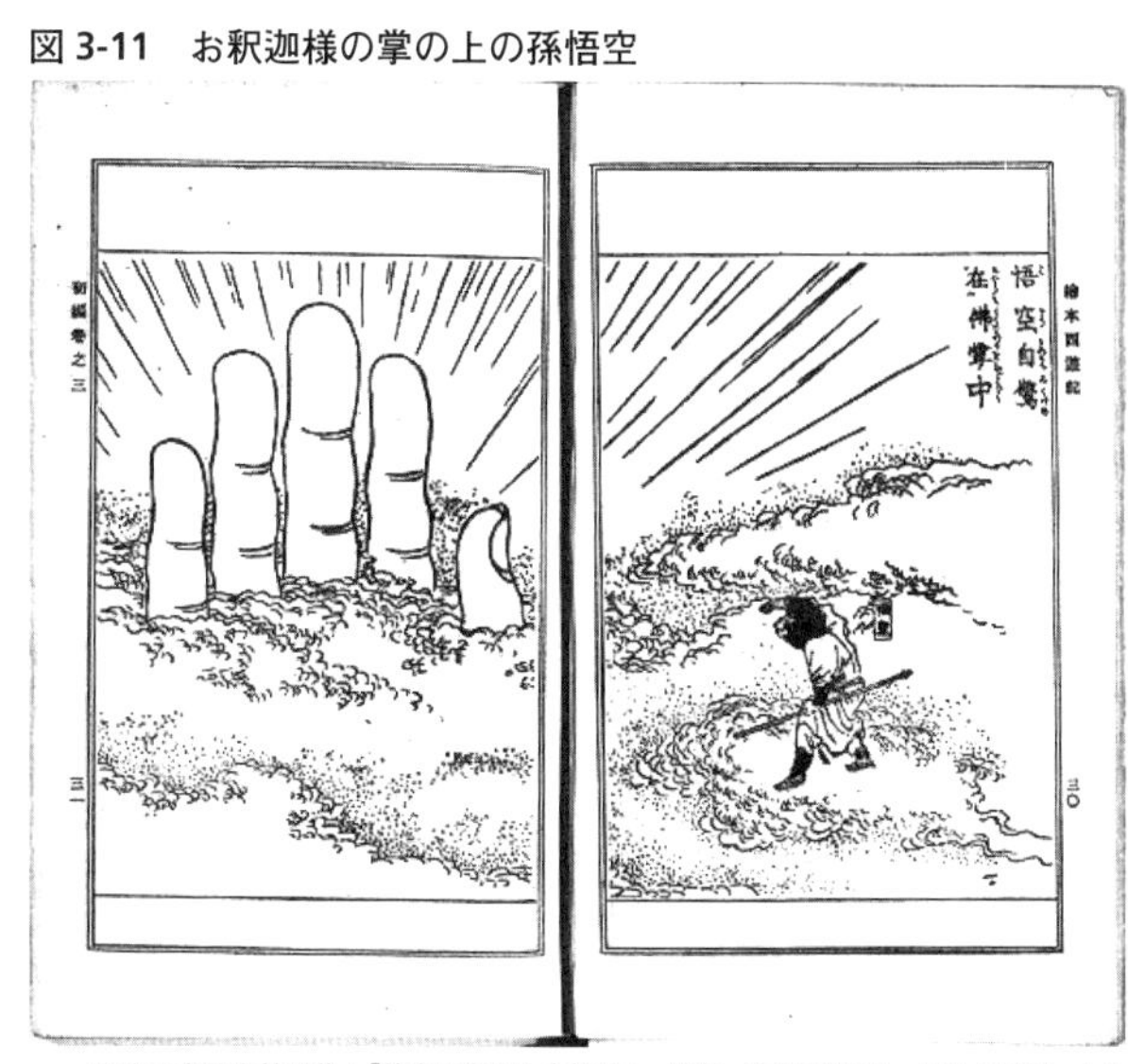

国立国会図書館所蔵：『絵本西遊記』（武笠三・校訂　有朋堂書店　大正 15 年）より

とになっている。つまり、すべての存在は光速で動く光と同じようなボゾンと呼ばれる素粒子のはずなのである。

素粒子が質量をもつことになったのは、真空の相転移（水が冷却によって氷の結晶になり、結晶軸の方向性が生まれるのに似た現象）によってたまたま**ヒッグス場**という場が生まれたからである。本来、すべての素粒子は光速で動くはずなのだが、ヒッグス場はこの素粒子の動きを邪魔するのである。たとえば、空中を動くよりも水の中を動く方が動きにくい。これは水が我々の動きを邪魔するからである。ヒッグス場はこの邪魔者の水に相当するわけである。そして、その動きにくさが素粒子の質量となって現れるのである。ヒッグス場は宇宙にとって必然的に存在しなければならないものではないので、何かの拍子にヒッグス場そのものが消滅するかもしれない。そんなことになれば、宇宙はビッグバンの瞬間に戻ることになる。

紛れもない事実は、宇宙の始め、ビッグバンが起こった瞬間には、我々が言う意味での時間と空間はなかった。ビッグバンの後、ヒッグス場が生まれ、それによって質量をもった素粒子が生まれた。この瞬間に時間と空間も生まれたのである。

それゆえ、宇宙の終末は質量をもった素粒子の消滅、あるいはヒッグス場の消滅によって、ふたたび時間と空間のない状態になるかもしれない。

これはビッグバンの瞬間の宇宙と同じである。

だから、我々の宇宙の最後は、何百兆光年も膨張した後に、瞬時にビッグバンと同じ針の先より小さな宇宙になる可能性がある。

これは新たなビッグバン宇宙の始まりである。

以上述べてきたことは、筆者の妄想ではない。

２０２０年にブラックホールの理論によってノーベル賞を受賞したロジャー・ペンローズ（１９３１〜）も強く主張している。[*2]

ペンローズは、我々の宇宙に「前の世代」の宇宙の痕跡が見つかるかもしれないと本気で考えていて、そんな研究結果をウェブ上で発表している。[*3]

以上、相対論の入門を長々と述べてきたが、本章の結論をもう一度述べるなら、

「時間と空間は幻影（イリュージョン）である」

ということである。

しかし、これで話は終わったわけではない。

実は、まだまだ謎が残る。

相対論の時空のグラフは、時間は実数、空間は虚数と主張するので、時間より空間の方が不思議なのである。もう一度、思い出してほしいのだが、「私」の周囲にはけっして因果関係をもつことができない非因果領域が拡がっている。そのため、純粋な空間というものを我々は認識することはできない。

それに対して、時間は実数なので、我々はそれをじかに体験することができる。

それにもかかわらず、我々は時間を不思議なものと感じる。それは、時間が流れているように見えるからである。そして、この時間の流れはつねに未来に向かっていて、今感じている現在はどんどん過去のものとなっていく。

このような時間の不思議を、相対論は、何も説明してくれない。

相対論では、空間と時間は本質的に同じものなのである。過去と未来も対称的である。そもそもミンコフスキー空間には、モノの動きなどはないのである。

このあたりで、我々はいったん物理学を離れて、哲学者の語る空間と時間に耳を傾けることにしよう。

第4章　空間と時間の哲学的考察

空間と時間はこの宇宙の「器」

相対論における時空の話を終えたところで、話を一転、哲学的考察にもっていきたい。空間とは何か、時間とは何かを深く考察するためには、物理学的な理解だけでなく、哲学的な側面も必要だと思うからである。

とはいえ、筆者は哲学の門外漢だから、専門的な哲学の話ではなく、古今の哲学者の言葉に謙虚に耳を傾け、素朴な疑問に哲学的考察を加えようという趣旨である。話題が古代ギリシャから21世紀まであちこちに節操もなく飛ぶけれども、ご容赦いただきたい。

現代では、物理学と哲学はまったく相反する学問のような印象があるが、もとをただせば物理学は哲学の一分野であった。古代ギリシャのアリストテレスの著作『自然学』は、今で言えば自然科学概論のようなものである。この著作の中で、アリストテレスはモノの運動とは何かということを縷々解説するのだが、最後にそのような運動が起こる「場所」である空間と時間について考察する。つまり、アリストテレスにとって空間と時間は、モノやその動きやあるいは何かの現象といった諸々の事象とはまったく異なる特別の概念であったわけである。

このことは、後年のイマヌエル・カント（1724〜1804）の哲学でより鮮明になる。

カントの主要著作である『純粋理性批判』（第1版：1781年、第2版：1787年）は非常に難解なことで知られているが、それはおもに言葉の用い方によるもので、いろいろな解説書を読みながら解読していけば、その内容は、他の哲学書に比べれば、非常に論理的なものであることが分かってきて面白い。

昔の学生が「デカンショ節」で近代哲学の代表として取り上げたデカルトとカントの哲学を比べれば、ルネ・デカルト（1596〜1650）の『方法序説』の方が『純粋理性批判』よりもずっと分かりやすく思えるが、デカルトは神の存在証明を試みる。つまり、デカルトの哲学は明快で合理的に見えるが、現代科学と相容れないのである。それに比べて、カントの哲学は現代科学とマッチする。

これは二人の哲学者の性格の違いというより、時代の違いを反映している。現代科学の出発点といえるアイザック・ニュートン（1642〜1727）の『プリンキピア』が刊行されたのは1687年で、デカルトの『方法序説』はそれより50年前の1637年のこと。それに対して、『純粋理性批判』は『プリンキピア』からおよそ100年の後であった。つまり、デカルトはニュートンより前の時代の人であるのに対して、カントはニュートンの物理学を熟知していたのである。

カントが偉大であったのは、ニュートンの物理学を神の位置に置かなかったことである。カントは、我々はけっして真なる実在（物自体）を認識することはできないとした。そのうえで、ニュートンの物理学を否定するのではなく、なぜ人は物理学の知を互いに共有できるのか、ということを論理的に考えたのである。

カントは人間の認識には、感性、悟性、理性の三つがあるとした。そして、感性は直観を作り、悟性は判断をし、理性が推論をする。理性的という言葉は、ふつうはきわめて客観的で抑制的で正しい心のもち方に用いられるが、カントの言う理性は、暴走する危険なものである。宇宙の果て、神の存在、究極の真理などを追究するのは、まさに理性の働きなのである。それゆえ、我々は理性の限界を知らねばならない。それがまさに『純粋理性批判』の趣旨なのである。

本論に入ろう。『純粋理性批判』の中で、カントは空間と時間を、我々が感性においてア・プリオリ（先験的。経験によらず、私の内部に初めから備わっているという意味）にもっている直観的形式であると位置づけた。さまざまなモノや現象の認識は、すべて経験的に直観されるものであるが、空間と時間は経験ではなく我々が生まれながらにしてもっている直観だというのである。

このような認識は、哲学者特有のものではなく、我々凡人にとってもある程度、納得のできるものである。

ニュートンは絶対空間、絶対時間というものを土台にして、力学の包括的な大系を構築し、そしてそれは成功した。20世紀初めまで、ニュートン力学は科学界だけではなく、哲学を含むあらゆる人間の思想に影響を及ぼしたのである。

ニュートンは絶対空間と絶対時間を、何のためらいもなく仮定したわけであるが、カントの洞察が深かったところは、空間と時間を感性によるア・プリオリな直観（にすぎない）とし、実在（物自体）だとはしなかったことである（第3章の「時間と空間は幻影(イリュージョン)である」という結論を思い起こしていただきたい）。

デカルトは我々の精神の内に神の存在を見たので、「我思う、ゆえに我あり」と明快に言うことができたのだが、カントはそのような断言はできなかった。空間と時間はア・プリオリな形式であるが、実在ではないのである。それゆえ、人間が神の創造物ではなく進化の産物であり、また相対論から空間と時間が幻影だと分かった後にも、カントの哲学は生き残っていると言えるのではないだろうか。

さて、このようにして、実在ではないとしても、空間と時間はこの宇宙の森羅万象の中で特殊な地位を占めている。ひと言で言えば、空間と時間はこの宇宙の「器」と言えるであろう。

それに対して、あらゆるモノ、出来事、現象、事象は、この器の中にある「中身」である。20世紀になって、物理学はこの宇宙の「器」と「中身」に面白い関係を見出した。

ニュートン力学は不確定性原理を受け入れられるか？

哲学の話と言いながら、また物理学が顔を出して恐縮であるが、量子力学の根本原理である不確定性原理は、哲学的にも非常に興味深いものだから、今少し言及しておきたい。

ニュートン力学では、ある物体の運動量はmv（質量m×速度v）である。今、その物体がいる位置をxとすると、この二つの量、mvとxが分かれば、この物体の運動は、過去、未来にわたってすべて決定される。

ところが、ヴェルナー・ハイゼンベルク（1901〜76）が提唱した不確定性原理では、ある物体の運動量mvと位置xを同時に正確に決定することはできない。ハイゼンベルクはこのことを、顕微鏡を使った巧妙な思考実験で説明するのだが、俯瞰(ふかん)的観点から言えば、このことは単なる技術の問題ではなく、宇宙の「器」と「中身」に関する根本原理と言えるのである。

もう一つよく引き合いに出されるのが、エネルギーEと時間tとの間の不確定性関係である。

時間tを確定するということは、時間に幅をもたせない、すなわち、きわめて微小な時間間隔ということであるが、このときそこに存在するエネルギーは無限の不確定さをもってしまう。つまり、短い時間の中には猛烈なエネルギーで蠢（うごめ）く「怪物」が存在するということである。実際、こうした極微の時間の中では、仮想粒子と呼ばれる無数の素粒子が創生され、消滅している。

逆に、エネルギーEを確定するためには、無限に長い時間間隔が必要である。時間間隔を無限大にしてしまうと、エネルギーは完全に確定する。これはエネルギー保存則の一つの表現とも言えるわけである。

なぜ、不確定性原理がこのような二つの物理量の間に成り立つのかを、ニュートン力学ではうまく説明できない（どちらも、その掛け算が同じ次元になるということは言えるのだが）。一方、量子力学では、これらの二つの量を互いに相補的な関係にある物理量として明確に理解できるが、それでも素人は「相補的って何？」と訊きたくなってしまう。

ところが、相対論の立場に立つと、霧が晴れたようにすべてが明らかになる。

第1章で、相対論では位置と時間が同じ次元になるという話をした。位置と時間を同じ次元にしてしまうことによって、初めてこの宇宙の「器」が立体的に浮かび上がってくる。つまり、空間軸と時間軸が織りなす相対論的な時空こそが、この宇宙の「器」なのである。

そして、空間と時間の次元を同じにすると、速度の次元がなくなる。なぜなら、速度は

速度＝距離÷時間

で定義されるから、

メートル÷メートル、

あるいは

秒÷秒

となって、これはただの数となるからである。

こうして、運動量mvは質量mと同じ単位になる。質量mとはまさにそこに存在するモノ、「中身」にほかならない。つまり、相対論的に不確定性原理を説明すれば、「中身」と

図 4-1　不確定性原理は「中身」と「器」の関係を述べている

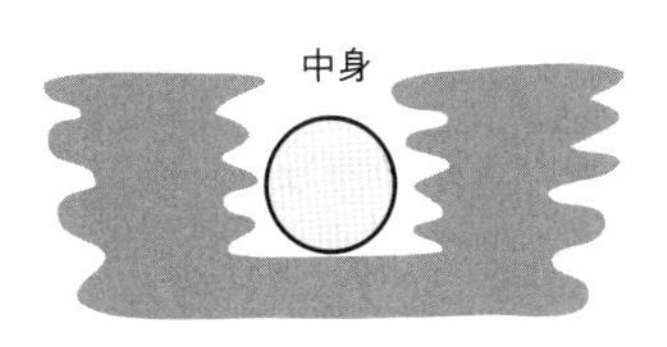

「中身」を確定させると「器」がまったく不確定になる

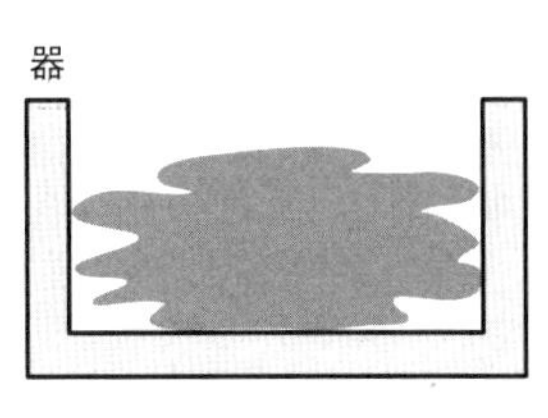

「器」を確定させると「中身」がまったく不確定になる

「器」を同時に正確に決めることはできないということである。

模式的に描けば、**図4-1**のようになる。

ついでに、エネルギーと時間について見てみよう。

エネルギーは、いろいろな表現方法があるが、たとえば運動エネルギーを考える。

自動車教習所などで、車の速さが2倍になるとエネルギーは4倍になると聞かれたことがあるだろう。モノのエネルギーは速さの2乗に比例する。

質量mの物体が速さvで動いていると、その物体のもつ運動エネルギーEは、

$$E = 1/2mv^2 \quad (2分の1 \times mv^2)$$

となる。

そこでエネルギーの次元は、速度vがただの数であるなら、v^2もただの数であるから、質量mと同じ単位になる※

（運動量mvと同じであることにも、注目しておこう）。

※相対論が明らかにした事実として、質量とエネルギーの等価というものがある。有名な

$$E = mc^2$$

の関係である。このことは、相対論のテキストではローレンツ変換などを学んだ後におもむろに登場してくるのだが、実は最初から分かっていることである。なぜなら、エネルギーと質量は同じ次元であり、この式で第1章で見たように、

$$c = 1$$

とすれば、何のことはない。

$$E = m$$

だから、エネルギーと質量が等しくなる。空間と時間を同じ次元にした時点で、質量とエネルギーは等価になっているのである。

よって、エネルギーは質量と等しく、この宇宙の「中身」である。そして、エネルギーと時間の不確定性関係は、運動量と位置の関係とまったく同じで、「中身」と「器」の関

係ということになるのである。

結局、不確定性原理とは、この宇宙の「中身」を確定させようとすると「器」が曖昧になり、「器」を確定させようとすると「中身」が曖昧になる、ということを言っているわけである。

心の中に空間はあるのか？

さて、話題を哲学に戻そう。

物理学者だけでなく哲学者も、空間と時間をこの宇宙の「器」として統一的に見ているのだが、しかし、それでも空間と時間は明らかに異なる。時間の方が空間より奇妙に見える。ここから、哲学者の思索が始まる。

もっとも、哲学者だけではなく、世の中のほとんどの人がそのように感じているであろう。空間と時間が異なることは、誰の目にも明らかである。空間と時間を同じにしてしまった相対論の方がおかしいと言えるかもしれない。

アリストテレスは、時間をモノの運動と関連付けて考察した。それに対して、同じ古代ギリシャのアウグスティヌス（354～430）は「我々は魂において時間を測る」と言った。[*1] つまり、時間は我々の心の内に流れているというのである。

たしかに我々は、時計を見なくても、運動する物体を見なくても、目を閉じて物思いに耽る(ふけ)だけで時間が流れていることを実感する。おおよそ、時間の流れがなければ、我々は思索どころか、存在することさえできないであろう。

道元(1200~53)は『正法眼蔵(しょうぼうげんぞう)』有時(うじ)の巻で、「いはゆる有時は、時すでにこれ有なり、有はみな時なり」と述べているが、これには単なる哲学を超えた深い意味があるとしても、単純に解釈すれば、すべての存在は時の流れの中にしかないという意味であるにちがいない。

外部世界の物体の運動から測る時間と、心の中を流れる時間のどちらがより本質的な時間なのか、という問いに今すぐ答えることはできないが、両方の時間が存在することは否定できない。

では、なぜ時間にだけこのような二面性があるのだろうか?

空間が単純に見えるのは、我々の心の中に流れる空間などないからである。

この疑問に対する答えとして、相対論の「時間は実数、空間は虚数」という時空の性質が関係するかもしれない。我々は時間軸方向にしか進めず、空間軸は非因果の世界で入り込む余地はないからである。

しかし、今はこれ以上の議論を進めることはしない。実のある結論を出すには、まだまだいろいろな考察が必要である。

カントはこの2種類の時間を、時間の「経験的実在性」(客観的時間)と「超越論的観念性」(主観的時間)と呼んだ(「超越論的」とは難しい表現だが、カントにおいてそれは、認識のア・プリオリな構造を追究する思索の体系、という意味である)。そして、客観的時間の方が主観的時間より優位に立つとした[*2]。

これは非常に常識的な結論である。我々は宇宙の中に存在するのであって、まず宇宙の「器」としての時間があり、その中でさまざまなモノや現象が変化、運動する。人間の心の内の思索もまた、そうした宇宙の時空の仕組みの中でのみ、存在できるのではないだろうか。

いずれにしても、空間と時間の謎を解く旅の出発点は、この時間の二面性であるように思われる。

マクタガートが主張する二つの時間系列

時間の二面性の哲学的考察において、忘れてはならない有名な文献がある。1908年に発表されたジョン・マクタガート（1866～1925）の「時間非実在性」（"The Unreality of Time" *Mind*, vol.17, 1908, no. 68, pp.457-474）と題された論文である。

この論文でマクタガートが主張することは、タイトルが示すとおり時間の非実在性である。つまり、**時間は実在しない**と言うのである。

これは一見、暴論のように見えるが、その論理を追うと「なるほど、そうかもしれない」と思えてくる。原論文を直接読み解くのは、素人にとってなかなかしんどい作業であるが、幸い入不二基義（いりふじもとよし）（1958～）著『時間は実在するか』[*3]が格好の入門書になっているので、入不二の解説に助けを借りながら、マクタガートの主張を追ってみることにしよう。

マクタガートは、時間にはA系列時間とB系列時間の二つがあるという。

まず、B系列時間の方が分かりやすいので、そちらから説明しよう。

B系列時間とは、ひと言で言えば、歴史年表のような時間である。

たとえば、次のような三つの事象を考える。

事象①　1879年、アインシュタインが生まれる。
事象②　1905年、アインシュタイン「相対性理論」を発表。
事象③　1955年、アインシュタイン、死す。

このとき明らかなことは、事象①は事象②より以前の出来事であり、事象②は事象③より以前の出来事であるという時間の前後関係が決まっていることである。このような順序関係が「歴史年表」として確定しているような時間系列が、B系列時間である。

それに対して、A系列時間は少し奇妙である。

A系列時間が奇妙に見える理由は（マクタガートも入不二もその点を強調しているわけではないが）、そこに今現在の「私」という視点が入るからである。たとえば2020年の「私」にとって、事象①、②、③はいずれも過去である。しかし、1905年の「私」にとっては、事象①は過去であり、事象②は現在であり、事象③は未来である。そして、その後、事象②は過去となり、やがて事象③は現在となり、瞬時を置かず過去となる。同じ事象が未来でもあり、現在でもあり、過去でもある。これは矛盾しているように見えるが、つねに現在にいる「私」にとっては、真実である。

誤解を恐れずに言えば、A系列時間とは「私」という主観がもつ時間である。「私」はつねに現在にいて、あらゆる事象は未来から現在、過去へと変化する。

A系列時間とB系列時間の違いは、次のような例えで考えると分かりやすい（ただし、マクタガートも入不二も、そのような例え話はしていない。あくまで、筆者の理解である）。

歴史的事象は年代別に並んだ不変の配列だから、それを一つの風景と見なそう。そして、その風景の中をまっすぐに列車が進んでいて、「私」は車窓からその風景を眺めている。

このとき、風景がB系列時間であり、列車から「私」が見ている光景がA系列時間である。客観的に見れば、風景は静止していて、列車に乗った「私」が動いているのだが、「私」の立場から見れば、「私」が（今、現在に）静止していて、風景が前から後ろへと（未来から過去へと）変化していく。この変化する景色こそが、「私」に時間の流れを感じさせているのである。

もっとも、この例え話には、充分注意せねばならない盲点がある。それは、動く列車という概念の中に（例え話の外部に存在する）時間の流れを暗黙のうちに取り入れているからである。列車を動かすためには、時間の流れがなければならないが、この時間の流れは例え話の中には出てこない。

それゆえ、これから後の章で進めていく考察において、例え話の列車を動かしている時間の流れとは何なのか、をつねに意識しなければならないであろう。

さて、マクタガートは時間の本質はA系列にあるとする。なぜなら、B系列に時間の流れはないからである。つまり、B系列は単なる配列にすぎない。そういう意味では、B系列時間は、たとえば1、2、3、……とか、a、b、c、……とか、あるいはもっと無秩序な文字列、といったものと同じである。

このような単なる配列を、マクタガートはC系列と呼ぶ。

単なる風景はC系列である。この風景の中を列車が一直線に進み、その中に「私」がいるとき、この風景はB系列時間となるのである。

つまり、

B系列＝C系列＋A系列

ということになる。

詳しく言えば、単なる配列すなわちC系列である風景は、「私」のA系列時間が加わることによって、初めて時間の性質を帯びる、つまりB系列時間となるのである。それゆえ、時間の本質はB系列ではなく、A系列にあると言ってよいだろう。

さて、マクタガートは時間の非実在性を次のように証明する。

①時間の本質はA系列時間である。
②しかし、A系列時間には矛盾がある。
③矛盾があるものは実在とは言えない。
④よって、時間は実在しない。

③の「矛盾があるものは実在とは言えない」については、哲学的にはいろいろ議論のあるところであろう。そもそも、実在をどう定義づけるかによって、結論は違ってくる。このことにこだわり過ぎると、本書の趣旨ではないところに多くの紙幅を取り過ぎてしまう恐れがある。それゆえ、③については深くは立ち入らず、②のA系列に矛盾があるかどうかという点に絞って話を進めることにする。もし、A系列時間に矛盾があれば、我々が知

っていると思っている時間というものが、実はかなり疑わしいものであると言えるのではなかろうか。

それでは、マクタガートはなぜA系列に矛盾があるとするのか。その論法を簡略化して説明すれば、次のようなものである。

A系列時間の中において、ある出来事は未来のこともあり、現在のこともあり、過去のこともある。およそすべての事象は、未来、現在、過去という三つの状態をすべてもっている。

しかし、過去・現在・未来という状態は、互いに両立不可能な規定である。ある出来事が、過去でもあり、現在でもあり、未来でもあるなどということはあり得ない。よって、A系列時間は矛盾を含む。

読者諸氏はこの論法をどう思われるであろうか。詭弁（きべん）と思われるであろうか。

ごくふつうの反論は、次のようなものであろう。

始めの段の、ある出来事は未来でもあり、現在でもあり、過去でもある、というのは同時にその状態を占めるのではなく、時間経過のうちにその状態をとるのだから、両立不可能ではない。もし、ある事象が「同時に」過去でもあり、現在でもあり、未来でもあるのなら、もちろんそれは矛盾であろうが、あるときは未来、あるときは現在、あるときは過去であるなら、何ら矛盾なく、これらのことは両立する。

しかし、このような反論は、マクタガートによって簡単に論破される。論証のうちに時間の流れというものを使っているからである。これでは、時間の流れがあるのだから、時間は流れるのだ、という同語反復をしているにすぎない。時間の流れというものを抜きにして、A系列時間の矛盾を突くことはできない。

マクタガートの論証は、むろんもっと緻密なものであり、こんな素朴な論理ではないのだが、少なくともA系列時間というものが、物理学的簡明さをもって説明できるようなものではないことは、納得いただけるのではないだろうか。

とはいえ、マクタガートの論証は、すべての哲学者を納得させるほど明快なものともいえない（実際、入不二もまた、マクタガートの論証に異議を唱えている）。それゆえ、マクタガートの時間の非実在性についても、すべての哲学者が納得しているわけではない。

というか、むしろ少数派であるかもしれない。

しかし、マクタガートの考察は、少なくともA系列時間というものが、非常に奇妙な特性をもったものであることを我々に教えてくれた。１００年以上を経過した今も、マクタガートの論文が注目される所以であろう。

時間は流れない？

以上の哲学的な考察、とくにカントとマクタガートの時間論から、我々は時間に関して次のような確信を抱くのではなかろうか。

時間には二つの側面がある。一つはカントが「経験的実在性」と呼ぶ外部世界の変化、あるいは動き、あるいはマクタガートのB系列時間。そして、もう一つは「私」という主観がもつ心の中に流れる時間、これはカントが「超越論的観念性」と呼ぶ主観的時間であり、マクタガートのA系列時間でもある。

そして、その中でより問題を孕むのは、主観的時間すなわちA系列時間である。

このA系列時間の謎の解明は次章以降に譲るとして、本章の結論として、外部世界の時間、あるいはB系列時間とはいったい何であるのかを明らかにしておこう。

結論めいたことを先に言えば、「私」の外に拡がる外部世界にはモノの動きは存在しない。言い換えれば、時間の「流れ」などというものはないのである。

それはまさにマクタガートのB系列時間であるが、B系列時間は「私」のもつA系列時間があって初めて動きを得るのであって、A系列がなければB系列は単なる配列、C系列と同等なのである。

このことは、相対論が如実に証明している。

ニュートン力学の世界では、絶対時間が絶対空間とは独立に存在していて、時間の経過とともにモノが空間を「動く」ということが可能であった。

しかし、相対論では時間が空間と同じ次元になってしまった。時間軸は3次元の空間軸に続く4番目の軸なのである。このような4次元時空の中でモノが動くというようなことが、いかにして可能であろうか？

物理学者ポール・デイヴィス（1946〜）は興味深い著書[*4]の中で、こう断言している。

「時間は流れない」――と。

相対論を正しいと信じる物理学者なら、誰でも相対論の中に時間の流れはないと断言するであろう。それればかりでなく、相対論においては、過去と未来は完全に対称的であって、

図4-2　O→A、B→Oの光はあるのに、A→O、O→Bの光はない

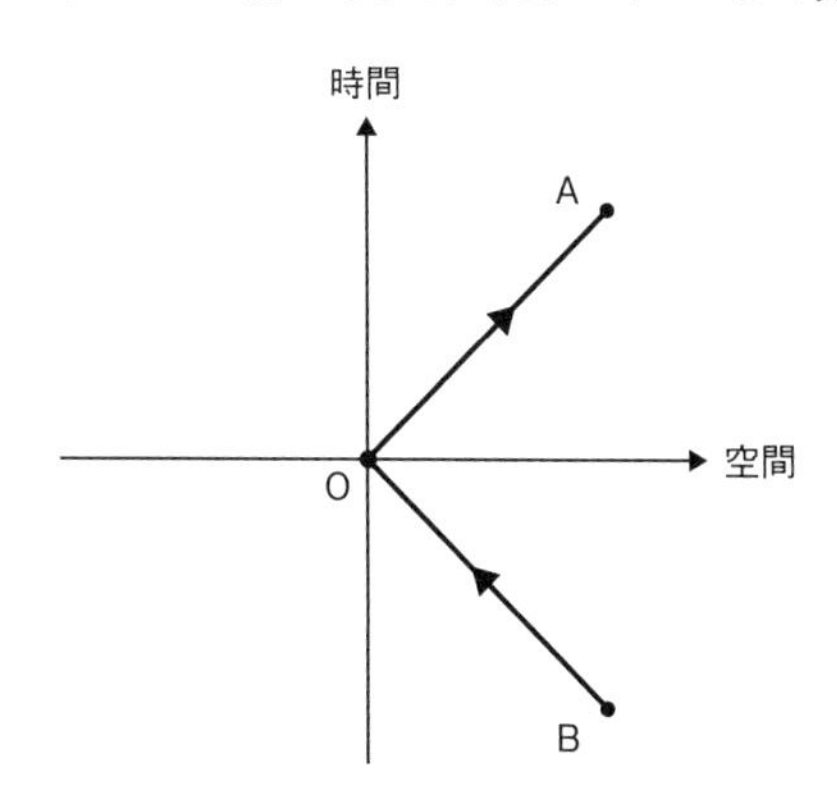

過去と未来をひっくり返しても何ら問題ないのである——ただ、一点を除いては。

未来からの光はなぜか届かない

その一点とは、光の世界線に関することである。第1章でおなじみになった、時空のグラフをもう一度、見てみよう。

図4-2の線分OAは、「私」がいるグラフの原点Oから「今」放たれた光の世界線である。それに対して、線分BOは何であろうか。

これは言うまでもなく、過去のある事象Bから今の「私」に届いた光である。第1章で我々は過去の空間を見ていると言ったが、まさに我々が事象Bを見ることができるのは、過去にBから出た光が、現在の「私」である原点Oに届いているか

らである。

しかし、光の世界線には動きなどないのである。線分BOは事象Bと「私」Oを結ぶ光を表しているだけであって、そこに過去から現在に光が飛んでくる、などという意味はまったくない。BとOは光の世界線で結ばれているだけである（その長さは0だから、光からすれば、BとOは同じところにいる）。同様のことは、「私」Oから出て事象Aへ向かう光についても言える。

ここで、次のような疑問に辿り着く。

仮に「私」Oから出た光が事象Aに届くという解釈をするなら、なぜ事象Aから出た光が「私」Oに届かないのだろうか？

くどくどと書いたが、要はこういうことである。

過去からの光は「私」に届くのに、なぜ未来からの光は「私」に届かないのか？

そのことについて、相対論は何も答えてくれない。

相対論が語ることは、事象Aと「私」O、あるいは事象Bと「私」Oは、光の世界線で結ばれているということだけである。

相対論ではなくニュートン力学の範疇であるが、波動方程式を解くと、必ず進行波と後退波という対称的な二つの解が出てくる。数学的にこの二つの解は同等であり、片方を却下する理由は何もない。にもかかわらず、空中を伝播する光にこの解を適用すると、現在から未来へ向かう光と未来から過去へ向かう光の二つの解となり、未来から過去へと伝わる波は現実に存在しないという理由から却下されることになる。

これは不思議なことである。理論的には可能なのに、現実には可能でないとき、そこには必ず納得できる理由があるはずである。

未来からの光が我々に届かないことには、理由があるはずなのに、その理由はまったく不明である。

このように、相対論は我々の宇宙の仕組みを見事に説明してくれたのだが、こと時間に関しては謎ばかりが残るのである。

今さらゼノンの「飛ぶ矢のパラドックス」?

哲学的な時間の考察について、さらなる問題提起をしておこう。

相対論の中には時間の流れはなく、さらに言えばモノの運動もない。相対論における時間は、マクタガートのB系列時間であり、B系列はA系列時間があって初めて時間となる

図 4-3　どの瞬間も静止している矢が、なぜ飛べるのか

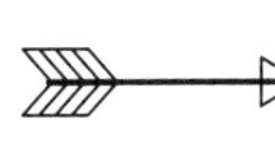

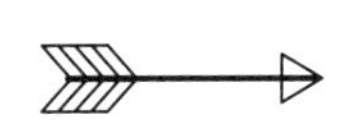

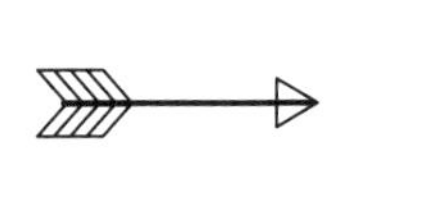

のである。ところが、我々の外部世界は動きに満ちている。

なぜ、ボールは放物線を描いて飛び、列車は線路の上を走るのであろう？　単なる時間的配列にすぎないB系列時間の中に、どのようにして運動という現象が生じるのであろうか？

古代ギリシャの哲学者ゼノン（B.C.490頃～B.C.430頃）は、この矛盾を「飛ぶ矢のパラドックス」という形で見事に我々の前に提示した（図4-3）。

問いは単純明快である。

瞬間、瞬間を見れば矢は静止している。どの瞬間も静止している矢が、なぜ飛べるのか？

このゼノンの問いに対する現代物理学の一つの答えは、不確定性原理で示されるが、それについては注に譲り、※ここでは別の観点からゼノンの問いかけを考察してみよう。

※ゼノンの飛ぶ矢のパラドックスを不確定性原理の立場から説明すると次

のようになる。

ある瞬間、矢が静止しているとすれば、それは位置が確定しているということだから、矢の運動量の不確定性が無限大になる。すなわち矢の速度はまったく不明になる。静止とは速度0を確定するということだから、これは矛盾である。つまり、ある瞬間のある位置に矢が静止していることはあり得ない。

また、飛んでいる矢は速度をもっているから、その速度を確定させると、矢はどこにあるかまったく不明になる。

すなわち、不確定性原理によれば、ゼノンのパラドックスが提起するような状況は（位置と運動量が確定した状態だから）、実際にはあり得ないということである。


ゼノンの提起した問題は、パラドックスでも何でもない、それこそがまさに真実だという立場が考えられる。

瞬間、瞬間、静止している矢は、もちろん動けない。矢は時間というキャンバスに描かれた絵なのである。ある瞬間からきわめて短い時間の後のキャンバスには、わずかに位置がずれた矢が描かれている。これは、矢が動いたのではない。それぞれの時間に、少しずつ位置の異なる矢が存在する。それだけである。

パラパラ漫画はなぜ動くのか？

では、なぜそれが矢の動きになるのであろうか？

筆者が子供の頃、パラパラ漫画というのが流行（はや）った。筆者自身も教科書の隅の余白に鉛筆で稚拙なロケットの絵を描いて、毎ページ、毎ページ、少しずつ位置をずらして何十ページも描き、それをパラパラとめくってみると、ロケットが発射台から飛び立っていく様子が見えて面白がったものだった。

教科書の片隅の毎ページのロケットは静止している。どれも静止しているロケットが、パラパラと紙をめくってみると、動き始めるのである。こんな面白い玩具があるだろうか。

映画の原理もパラパラ漫画と同じである。

要するに、これは我々の視覚の機能の一つである残像を利用しているわけである。ある瞬間に見た映像は、その瞬間に消えるのではなく、短い時間、我々の記憶に残る。そのわずかな過去の映像があるから、我々の視覚はほんの少し過去の映像と現在見ている映像を重ねて、そこに動きを作り出しているわけである。

これは視覚に限ったことではない。何かモノが動く、あるいは時間的に変化するというとき、それを動きとして捉えるためには、記憶が必要なのだ。

過去の記憶が現在と重なるとき、そこに我々は初めて変化を感じることができるのである。

それゆえ、時間の哲学的考察の結論はこうである。

我々の外部世界にモノの動きはない。我々は我々の内部においてモノの動きを感知するのである。そして、それを可能にするためには、現在のモノの状態を感知すると同時に、一瞬過去のモノの状態の記憶を同時に呼び覚ます必要がある。

記憶こそが、モノの動きと時間の流れの感知を可能にする唯一の本質的機能なのである。

記憶とは人間だけではなく、おそらくすべての生命の一つの重要な働きであろう。

もちろん、記憶だけでは時間の謎は解けない。

しかし、本章の哲学的考察によって、流れる時間の核心は、我々の外部世界にあるのではなく、我々の内面にあるということが明らかになったのではないだろうか。

こうして我々の関心は、主観的時間の担い手そのものである生命という不可思議な存在に向かうのだが、次章ではこのような主観的時間を生み出す土壌としての多分子集団の振る舞いを考察していくことにしよう。

もちろん、主観的時間も多分子集団も生命も、この宇宙の基本構造であるミンコフスキー空間の中に存在しているのだということは、いつも意識しておかなければならない。

第5章　物質と生命の狭間

立ちふさがる不可逆過程

前章で、物理的世界に時間の流れはないということを書いたが、「流れ」すなわち「動き」はないとしても、無数の分子の集団においては、**不可逆過程**と呼ばれる現象が生じることは紛れもない事実である。ここに時間の非対称性が現れる。この不可逆過程こそが、19世紀半ば、ルドルフ・クラウジウス（1822～88）がエントロピー概念を提唱して以来、論争の尽きないマクロの物質世界の謎であった（そして、今も決着したとは言えない）。

エントロピーとは、ひと言で言えば物質配置の乱雑さであり、孤立した系では時間の経過とともにエントロピーは増大する。そして、最終的にその系のエントロピーは最大となって、熱的平衡状態に達する。ここに、ミクロの世界には存在しなかった時間の非対称性が、はっきりと現れるわけである。

決定論と自由意志の問題

しかし、本論に入る前に、前章の哲学的話題の続きになるが、決定論と自由意志の問題について決着をつけておきたい。というのも、このことが不可逆性の議論において多くの誤解を生んでいると思うからである。

もし、ニュートン力学が正しいとするなら、宇宙の始まりにおけるすべての物質の位置と運動量が確定すれば、その後のすべての物質の位置と運動量は宇宙の終わりまで確定してしまう。

これが決定論である。

もちろん、20世紀になってニュートン力学はいろいろな意味で否定されたのだが、「ニュートン力学は、（人間の）自由意志を否定するから間違っている」という論法が間違っていることをまず示しておきたい。

そもそも、決定論という言葉の使い方が、誤解を招く原因である。この言葉には、未来の未知であるはずの事柄もすでに決められているというニュアンスが強い。

次のような思考実験をしてみると、そのことが明白になる。

まず、宇宙の始まりにいるA氏の立場に立つと、宇宙の出来事はことごとく未来のことだから、すべての出来事はあらかじめ決められている、すなわち決定論である、ということになる。これはこれでよしとしよう。

次に、同じ宇宙において、宇宙の終わりにいるZ氏の立場に立ってみると、宇宙の出来事はすべて過去の出来事だから、これは決定論というよりは歴史はただ一つあったということになるだろう。

人間には自由意志がある、だから未来のことはすべて未定で、意志によっていかようにも変えられるというのなら、A氏の立場でこの世は決定論であるはずはないと主張できるとしても、Z氏の立場はどう説明したらよいのだろうか。

Z氏は、人間には自由意志があるから過去の歴史を変えることができる、などとは主張できないはずである。

A氏とZ氏は同じ宇宙にいるのだから、両者の主張は矛盾したものになってしまう。

要するに、決定論の是非を問うということは、「私」の今現在という時間を暗黙のうちに想定しているのである。しかし、「私」の今現在は、まさに「私」の今にしか存在しないのであって、空間と時間を超越した立場に立てば、決定論も歴史も単に存在する事象として同じものなのである。

重要なことは、ニュートン力学にせよ、相対論にせよ、量子論にせよ、空間と時間が織りなす宇宙の「器」の中に、モノや事象が存在するという立場は、空間と時間の次元を超えた視点で世界を見ている立場だということを忘れてはいけない。いわば、神の視点である。

当然のことながら、この「神の視点」には時間の流れはない。我々は時間の流れというくびきからけっして逃れることはできないので、時空を超えた次元にいるのに、そこに時間の流れを持ち込んでしまうのである。それゆえ、決定されていない未来、すでに存在する過去、という区別をしてしまう。これらは「神の視点」から見れば、どちらも同じことがらである。過去や未来という観点を持ち込むことは、時空のある一点に「私」がいるということである。

結論を言えば、時空の中の事象はただ一つしか存在しないが※、人間には（そして生命には）自由意志がある。この両者は矛盾するものではないということである。

※多世界宇宙というアイデアがあるが、これについて語るとまた多くの紙幅を取ることになる。筆者はこの立場を取らないということだけを述べておく。

人類が叡智を尽くしてこの宇宙を改造するなどという未来も、もちろんあり得ないことではない。我々は自由意志をもって行動する。現在の我々は我々がなすことの結果をいまだ知らないが、しかしその結果がどうなるにせよ、来りくる未来は一つしかない。
それゆえ、ニュートン力学（そして、相対論も量子論も）と自由意志は両立するのである。
以上のことを了解したうえで、時間の不可逆性ということについて考えていこう。

拡散した赤インクは元に戻るか？

コップの水に落とした赤インクの滴は、次第に水の中に拡散していって、充分時間がたつと滴の痕跡は消えてコップの水全体がピンク色に染まる（図5－1）。この変化を映像に撮っておいて、時間を逆戻しして見てみると、ピンク色の水が次第に固まって赤色の滴になって、コップから真上に飛び出していく、という映像になる。

この映像は、我々の常識からすると非常に奇妙なもので、このようなことはけっして起こらない。

ごく簡単に言えば、撮影した映像を逆回ししたとき、あり得ないような映像が見えれば、それは不可逆過程である。

むろん、可逆な過程もある。たとえば、摩擦のない真空の空間で振り子を振らせると、半永久的に止まることなく同じ周期、同じ振幅で振り子は振れ続ける。これは映像を逆回

図 5-1　左から右への変化は起こるが、右から左への変化は起こらない

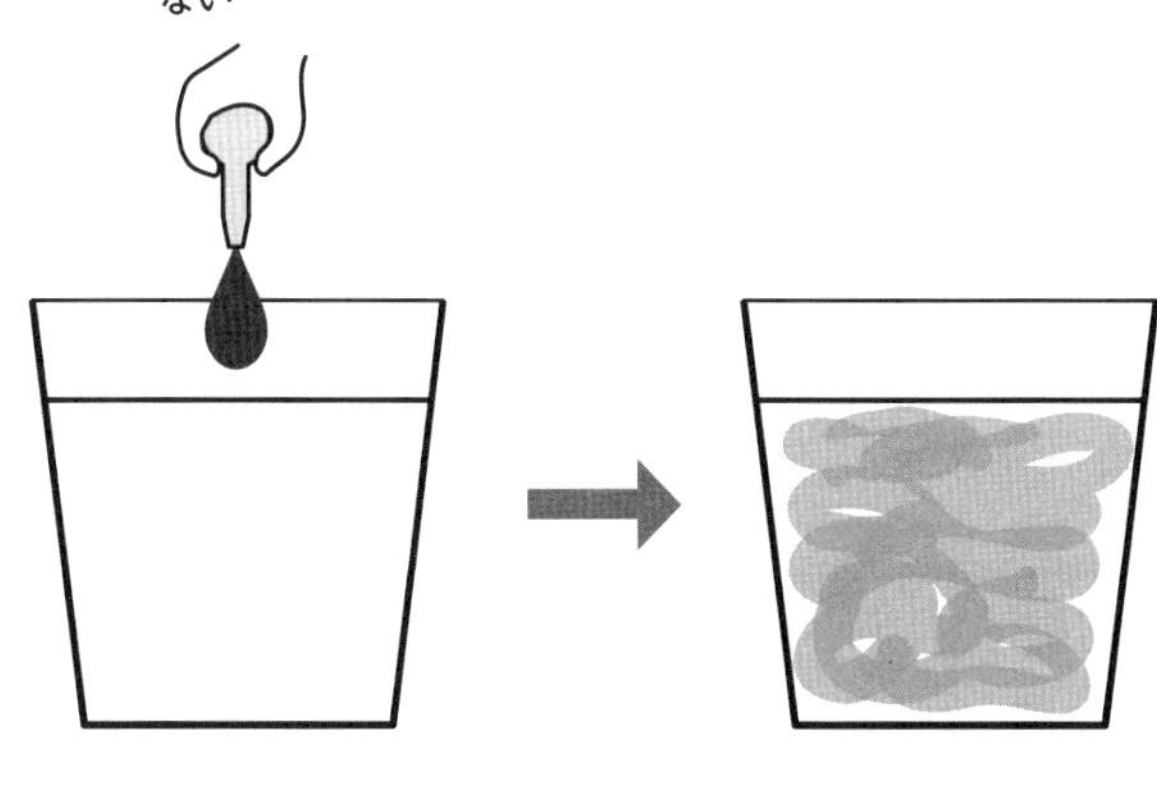

転しても何ら違和感なく見ることができる。すなわち、この振り子の運動は可逆過程である。

振り子運動でも、空気中でそれを行えば、空気抵抗によって振り子は振幅を少しずつ小さくしていき、いつかは静止する。この逆は起こらないから、これは不可逆過程である。

ここに明らかに時間の向きが存在するのである。

それを熱力学的に言えば、コップの水と落ちた赤インクの滴という非常に稀（まれ）なケースではエントロピーが小さく、コップの水全体がピンク色に染まったケースでは、その系のエントロピーは最大になっている。

これを確率論的に説明すれば、膨大な数の水の分子と、それよりはわずかに少ないが、それでも膨大な数の赤インクの分子の配置を考えたときに、赤インクの分子と水の分子が完全に分離した配置になる場合の数はきわめて少なく、それに対して赤インクの分子と水の分子は入り乱れて混じり合っている場合の数はきわめて多い。それゆえ、赤インクの分子と水の分子のランダムな衝突が起こる場合には、2種類の分子の分布は最終的に入り乱れて混じり合った状態に落ち着くのである。

永劫回帰とプリゴジンの反論

しかし、である。

水に赤インクの滴を落としてから充分時間が経過した、全体としてピンク色に染まった水を考え、思考実験として、ある瞬間、すべての分子の速度の符号を逆にする。つまり、すべての分子について瞬間的に正確に「回れ右」の運動をさせるのである。

これは、時間を反転させるのと同じことのようである。すなわち、このようなことをすれば、ピンク色の水が次第に赤みを帯びて集まり始め、やがて赤いインクの滴が生じ、それが水の上に飛び出す。

ルートヴィッヒ・ボルツマン（1844〜1906）を筆頭に、多くの物理学者たちはこの速度反転の思考実験を意味あるものと見なし、結局すべては確率の問題なのだと結論づけた。

我々が日常扱う分子の個数は、1兆×1兆個くらいだから、せいぜいが数千万通り程度の番号をもつ宝くじでも当たらないのに、そんな桁外れの数の分子の組み合わせに現実に遭遇することはあり得ない。しかし、その確率は0ではない。それゆえ、永遠とも思える時間のうちには、ピンク色の水から赤色の滴が現れることがある。

永劫回帰である。

散逸構造を提唱したイリヤ・プリゴジン（1917〜2003）は、このようなボルツマン的確率解釈に真っ向から反論する。

不可逆現象と時間の矢

プリゴジンの論理を、独善を恐れず解釈すればこういうことである。

赤インクの滴をコップの水に落として充分時間が経過した後の状態において、すべての分子の速度を同時に正確に逆転させせる。そうすれば、やがて水の中に赤い滴が生じるはずなのだが、現実にはそうならない。なぜなら、どれほど正確にすべての分子の速度を逆転させたとしても、必ずそこにはゆらぎが生じ、無限に小さなゆらぎが、やがて目に見える変化を生み出すのである。このため、速度を反転された分子の運動は、わずかな時間の後に来た道とは違う軌道に乗って、もはや赤インクの滴が出現するシーンとはかけ離れた光景を作り出すのである。

無限に小さなゆらぎがいわゆるバタフライ効果となって現れるカオス理論である。[*1]

もちろん、時間軸そのものを逆転させれば、ピンク色の水は赤い滴となってコップから飛び出す。これは、速度の逆転ではなく、時間そのものの逆転だからである。

つまり、プリゴジンはこの不可逆現象の中に**時間の矢**が存在すると主張するのである。エントロピーは確率的に増大するのではなく、時間の矢によって増大すると言ってもよいであろう。

プリゴジンの関心は生命の起源にあり、インクの拡散のような孤立系の熱力学から出発して、エネルギーとエントロピーが出入りする開放系の平衡状態からいかにして生命が誕生するか、それが時間の矢とどう結びついていくのかというところまで行くのだが、結局時間の矢の原点は、不可逆過程そのものにあるということになる。

これは非常に説得力に富む説のように思える。

しかし、この説によれば、1個の素粒子、1個の原子、1個の分子の世界に時間の矢はない（1個の素粒子はそれ自身の時空をもつが、この時空は完全な時間対称であり、過去から未来へという方向性はないということである）。つまり、時間の矢は物理学の基本法則ではなく、無数の分子が集合する場において初めて現れてくる派生的な法則ということになる。

このプリゴジンの時間の矢の説は、相対論と量子論を含めた既存の物理学的時空像と真っ向から対峙する斬新なアイデアであり、今では多くの信奉者をもつに至っているが、なお慎重な批判的再検討も必要ではないかという意見もある。[*2]

巨視的な分子集団の平衡な開放系、あるいは生物学者の福岡伸一（1959〜）が強調する**動的平衡**[*3]と言ってもよいが、これが生命の起源に繋がるであろうことは想像に難くない。それゆえ、生命もまたプリゴジンの時間の矢を背負っているということになる。

しかし、ここで注意しておかねばならないことは、仮に不可逆過程の中に時間の矢の起源があるとしても、そこにはまだ時間の流れはないということである。

第4章の結論を思い起こしてほしい。

時間が流れ、モノが動くためには、記憶が必要なのである。不可逆過程の中にあるのは、静止した矢である。静止した矢を動かすためには、「今」の矢と同時に一瞬「過去」の矢が共存しなければならない。そして、あたりまえのように見えるが、「残像」として残る過去の矢の方が「前」であり、「今」見える矢が「後」であるという認識がなくてはならない。こうして、初めて矢は動くのである。つまり、時間が流れるのである。このとき、なぜ矢の向きがエントロピー増大の方向を向いているのか。我々はこのような疑問に、納得のできる答えを見つけなければならない。

権威からにらまれたプリゴジン

いずれにしても、プリゴジンが熱力学と生命の起源に新しい観点を持ち込んだ。そこで、生命とは何かという本丸の話題に入る準備として、熱力学の道筋をプリゴジンの「存在から発展へ」[*4]という自然観に沿って、簡単になぞってみることにしよう。

ニュートン力学は、惑星の運動を記述するために創られた。惑星をはじめとする天体は、無数の原子の大集団ではあるが、その振る舞いは質点の運動として記述できる。三体問題[※]のような面倒なこともあるが、きわめて高い近似で、天体の運動は時間に対して可逆である。

※重力を及ぼし合っている三つの天体の運動方程式を厳密に解くことはできない。これを三体問題という。

それに対して、熱力学は産業革命とともに効率のよい熱機関（エンジン）を作る目的で発展していった。それゆえ、熱力学の対象は一つひとつの質点ではなく、シリンダーの内部にある乱雑に入り混じった無数の分子の大集合である。一つの蒸気機関のシリンダーに含まれる水蒸気の分子の個数は、およそ1兆の1兆倍くらいである。

このように、多数の分子の運動をニュートン力学で追うことは当然不可能であるから、ここに熱力学特有の物理量が定義される。圧力であり絶対温度であり内部エネルギーであり、そしてエントロピーもまたそういった巨視的な物理量の一つである。

このような熱力学特有の物理量を確定するためには、対象としている巨視的な分子の大集合が均一な平衡状態になくてはならない。

たとえば、部屋を二つに仕切って、片側は暖房を入れて26℃とし、もう一方は冷房を効かせて18℃にしたとする。そして、暖房と冷房を切ると同時に二つの部屋の仕切りを取り払うと、高温の空気と涼しい空気が入り混じり、やがて二つの温度の中間の温度となって落ち着く。このとき、完全に入り混じった空気の温度が何度になるかは計算できるが、まだ完全には入り混じっていない状態の温度を決めることはできないであろう。ある分子集団の温度と言うとき、それらの分子集団は均質な平衡状態でなければならない。

もちろん、その分子集団を細かく分けて、ある小さな部分の温度というものを考えることはできる。しかし、そのような小さな部分集団は分子同士の衝突によって拡散していく。それゆえ、その小さな集団の温度というものはその瞬間の温度であって、また集団自身も拡散していくから、そのようなものを対象として物理過程を追うことは至難の業となるであろう。

よって、熱力学ではふつう、容器に閉じ込められて拡散しない平衡状態にある分子集団を対象とするのである。そして、熱機関はまさにそういうものであるから、実用的にもそれで充分であったわけである。

プリゴジンは若い頃、ある学会で報告した後に、当時の熱力学の最高権威の学者から次のような敵意ある意見を述べられたという。「この若者がこれほど非平衡物理学に興味をもっていることに私は当惑している。不可逆過程は過渡現象にすぎない。何故、皆がしているようにもう少し待って平衡状態を研究しないのだろうか？」1946年のことである。[*5]しかし、プリゴジンの非平衡熱力学への情熱はますます高まり、やがて散逸構造論という考えに行き着くわけである。

エネルギーや分子の出入りのない閉じた分子集団は、初期状態のいかんにかかわらず、最終的にある温度の平衡状態に落ち着く。そして、その系のエントロピーは最大となる。つまり、分子集団は完全に乱雑な、しかし統計的に見ればきわめて安定した状態に落ち着くわけである。ここまでが、伝統的な熱力学の記述である。

しかし、エネルギーや分子の出入りが可能な系では、事態はかなり異なる。たとえば有名な例として、やかんに水を入れて沸かすと、単に水の温度が上がるのではなく、やかんの底から熱い湯が上昇し、それにともなって上層の水が底の方に落ちてきて、対流が生じる。水に加える熱をうまく調節すると、安定した対流構造が続く（図5-2 128ページ）。

熱の加え加減を強くすれば、この対流は壊れて無秩序な沸騰状態になるし、熱の加え加減を弱くすると対流構造は消えてしまう。非常に微妙ではあるが、適当な熱を定常的に加

図 5-2　やかんの水に適当な熱を加え続けると、安定した対流構造が現れる

えることによって、孤立系の平衡状態ではない安定した構造がそこに生じるわけである。

このような散逸構造は自然界のさまざまな場面で見られ、生命の発生には何らかの散逸構造が関わったにちがいないと思わせる。

実際、単細胞生物は物質とエネルギーとエントロピーをつねに外部から取り入れ、そして体内で不要になったそれらのものを外部へと放出し、自分自身は同じ構造を安定的に保っている。

これが、福岡伸一が強調する、いわゆる動的平衡である。

生命が何らかの散逸構造から始まったことは間違いないであろうが、しかしそれでも単なる物質構造としての動的平衡系と、生命としての動的平衡系にはおそらく決定的な違いがあるはずである。

次章では、その難しい問題を探っていくことにしよう。

モノの動きは記憶が生み出す

最後に、時空という観点から本章をまとめてみると次のようになるであろう。

素粒子や分子1個というミクロな系には、時間の矢は存在しない。空間と時間は、ミンコフスキー空間あるいはリーマン空間※として統一されており、観測者にとっては、時間は実数、空間は虚数という性質をもっているだけである。

※第1章で見た特殊相対論の時空はミンコフスキー空間と呼ばれる。それに対して、重力場の存在する時空、すなわち歪(ゆが)んだ時空をリーマン空間と言う。平坦か歪みがあるかの違いだけで、その本質は同じである。

しかし、どれくらいの分子数かは明瞭ではないが、生命活動に必要なだけの物質、おそらくは1兆×1兆個程度の分子が集まった集団では、不可逆過程によってエントロピーが増大するという時間の非対称性が現れてくる。

これは時間の矢の萌芽と言ってよいであろう。本書ではこれを「静止した時間の矢」と呼んでおくことにする。すでに述べたように、この矢には動きがないからである。繰り返しになるが、モノが動くという認識は、記憶によって生まれるからである。

生命の誕生は、この静止した時間の矢を「動かす」という機構の構築であるにちがいない。

散逸構造系※、あるいは物質的な動的平衡系から、どのようにして時間を動かす生命が出現しうるのだろうか。

※散逸構造系とはプリゴジンが提唱した呼び名で、まさにこれまでお話ししてきた、熱平衡ではないけれど、動的な秩序をもった開放系（つまり、分子集団が閉じてはおらず、つねに出入りしている系）のことである。

第6章　生命と時間の流れ

時間は生命の中に

ここまで読み進めてこられた読者の方々は、筆者の言いたいことにもうお気付きであろう。そう、時間の流れは生命の中にあるのではないか、ということである。

しかし、そう決めつけているわけではけっしてない。あくまで論理的に、単なる思い込みではないかとつねにチェックをしながら、慎重に作業を続けていくつもりである。

もし、時間の流れが、生命の存在とは関係なく、この宇宙の普遍的な法則としてあるのなら、それは驚くべき発見である。相対論と量子論を超えた、新たな科学革命の始まりと言っても過言ではないだろう。

しかし残念ながら、今のところ、そのような可能性を予感させるいかなる物理現象も見つかってはいない。

過去と未来は峻別（しゅんべつ）されているのか？

過去と未来は本当に峻別されているのかということについて、第1章で紹介した空間と時間（ミンコフスキー空間）のグラフを使って考えてみよう（本章の主題は「生命」ではあるが、その根底にはミンコフスキー空間があることを忘れてはいけない）。

図 6-1　ミンコフスキー空間における絶対未来と絶対過去

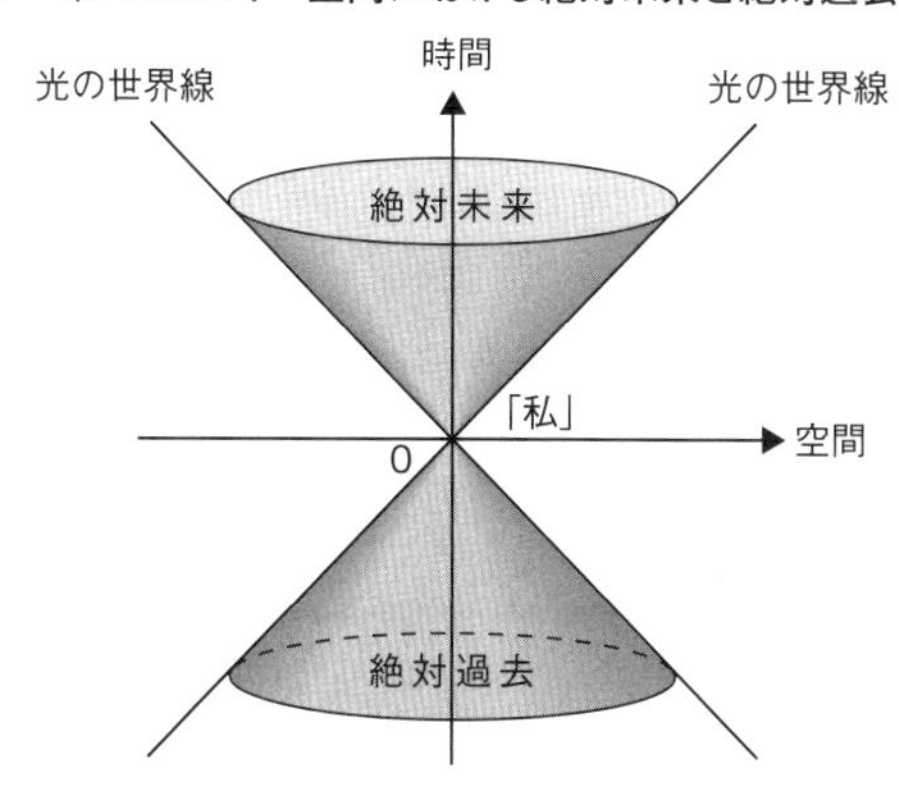

あらためて時空のグラフを描くと、図6－1のようである。

ここで、光の世界線で囲まれた円錐形の部分は、現在の「私」を接点にして、絶対未来と絶対過去に峻別される。

この「絶対」という言葉の意味は、「私」と時空を共有するいかなる観測者にとっても、未来は未来、過去は過去という意味であるが、ただそれだけではない。

まず、現在の位置を「私」と共有し、「私」に対して光の半分の速さで動く観測者Aを想定する(図6－2　134ページ)。

観測者Aの世界線は、第1章で見たとおり、図の直線atである。この直線atは観測者Aの時空の時間軸に相当するが、観測者Aの空間軸は図

図 6-2　観測者 A と「私」の絶対未来と絶対過去は完全に一致する

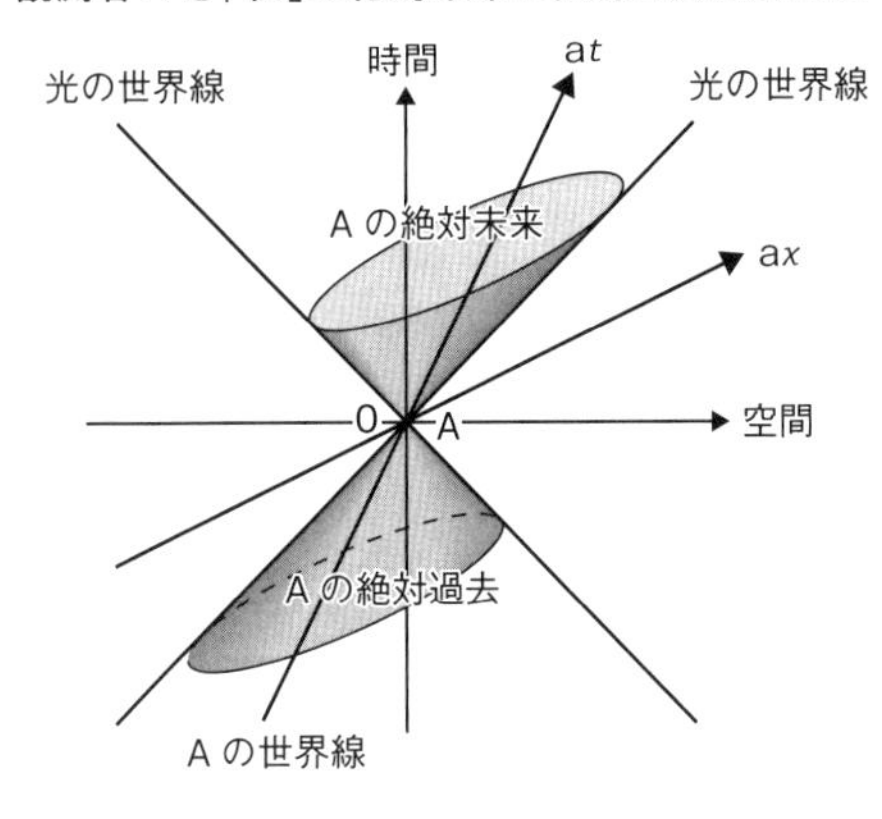

の直線 axであることは、第2章で見たとおりである。そして、この観測者Aの絶対未来と絶対過去はどの領域になるかと言えば、図のアミかけの領域であり、「私」から見ると、観測者Aの光円錐（こうえんすい）は少しいびつに見えるが、これは「私」の絶対未来と絶対過去に完全に一致する。

このことから、「私」に対してどのように動いていようと、「現在のこの位置」を共有しているいかなる観測者にとっても、未来と過去は一致している。言い換えれば、同じ「確定された過去とまだ未確定の未来」をもっているということになる。

それでは、「私」と位置を共有せず、「私」に対して動いている観測者Bを考えてみよう。

図 6-3　B の絶対過去が「私」の不確定な未来に属している

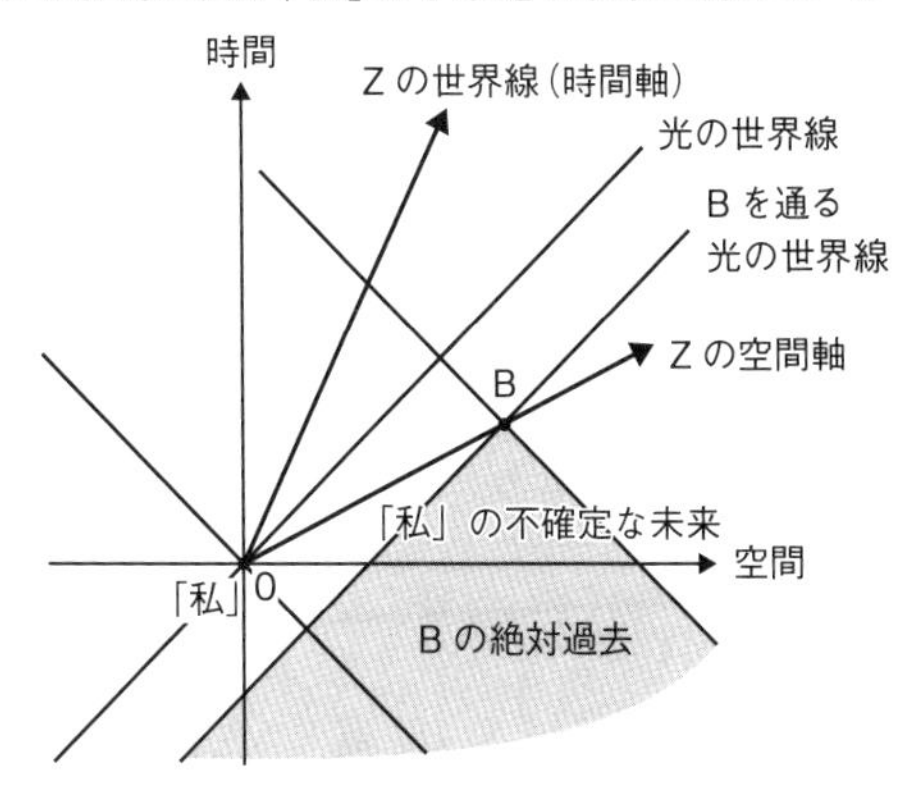

確定した過去と不確定な未来

図6-3の点Bが観測者Bの「今の時空点」である。時空点Bは「私」にとって未来であるが、しかし、別のある観測者Zから見ると、「私」と同時刻にいると見ることができる（図の原点0と点Bを結ぶ直線を観測者Zの空間軸とすれば、観測者Zから見て「私」と点Bは同じ時刻0にいる。このときZの時間軸は光の世界線に対称な直線になる。これがZの世界線である）。つまり、時空点Bは「私」の非因果領域にあるので、「私」に対して過去であることも、現在であることも、未来であることも可能なわけである（現在、過去、未来となるような観測者が、それぞれ必ず存在するという意味である）。

観測者Bの時空点Bにおける絶対過去と絶対未

来は図のアミかけ部分であるが、たしかに「私」の絶対過去と絶対未来に「違反」する部分はない。つまり、「私」の絶対過去にもかかわらず観測者Bの絶対未来であったり、その逆であったりするようなことはけっしてない。

それゆえ、過去と未来は峻別されているように見える。

しかし、「YES」という判断を下せるかどうかは微妙である。

なぜなら、観測者Bの時空点Bにおける絶対過去は、「私」の（絶対ではない）未来に属している。観測者Bにとっては絶対過去とはもはや変更のできない歴史である。それに対して、非因果領域にあるゆえ「私」には確認することはできないが、理屈のうえから言えば、「私」の未来である。「私」の未来にあるはずの事象が、観測者Bには変更不可能な過去、すなわち歴史となってしまっている。

これを具体的な例で述べれば、次のようなことである。

太陽系から220万光年離れたアンドロメダ銀河に知的生命体がいて、人間と同じような歴史をもっているとしよう。太陽系とアンドロメダ銀河の相対速度は充分小さいと仮定し、この二つの系に対して光速の10分の1の速さで遠ざかっている宇宙船から見ると、地球の現在と（地球から見て）アンドロメダ銀河のおよそ22万年後が同じ現在に見える。このとき、アンドロメダ人たちがすでにもっている22万年の歴史が、人類にとって未来の22万年であるということになる。ただし、この22万年は人類から見れば非因果領域に属するので、アンドロメダ銀河の22万年の歴史を我々はけっして知ることができないのである。もし、知ることができれば、それは我々の未来を知ることになるのではあるが……。

以上のようなことから、過去と未来は峻別されているかという問いに、「ＹＥＳ」とは言い切れないのではないだろうか。

ここまでの話は、ミンコフスキー空間でのことである。もし、リーマン空間という一般相対論の世界に行けば、理論的にワームホールなどが可能になり、未来であるはずのものが過去になり、その逆も成立する。ワームホールは現実には見つかっていないから、その存在を排除する何らかの物理法則があるかもしれないが、要するに現代物理学では確定した過去、確定しない未来という考え方は取らず、時空を超越した立場から見れば、すべてはあるがままにある、（適切な表現でないが、決定論）なのである。

さらに補足するならば、「確定しない未来」などというものが「実在」するのであれば、現在の「私」の非因果領域に「位置する」すべての観測者にとってそうであり、「私」を含めたすべての観測者にとって、一瞬の後には「確定しない未来」の一部が「確定した過去」になっていく。ということは、宇宙のすべての観測者にとって「現在」があり、それが刻々と変化していくということになる。これは一種の絶対時間の復活である。このような奇妙な「現在」がもし「実在」するのであれば、我々は宇宙論を根本から考え直さないといけないことになるだろう。

すでに述べたことであるが、相対論と量子論の世界に時間の流れはない。時間の矢もない。絶対未来、絶対過去という言い方をするが、これは物理法則に由来するのではなく、我々の日常経験から類推して使用されている用語にすぎないのである。

生命は負のエントロピーを食べる

相対論や量子論ではなく、無数の乱雑な分子集団を記述する熱力学には、時間の矢が存在するかもしれないということを第5章で述べた。

少なくとも、不可逆過程という時間非対称の現象が存在することは事実である。これは時間対称な基礎物理学の観点からは非常に不可解な現象であるが、それゆえに生命現象に何らかの役割を果たしているのではないかと推測される。

有名なエルヴィン・シュレーディンガー(1887～1961)の『生命とは何か』[*1]が書かれて以来、生命とは負のエントロピーを食べる存在であるという考え方が定着した。

大雑把に言えば、秩序がある状態はエントロピーが小さく、無秩序になればなるほどエントロピーは大きくなる。そして、孤立した系を放置しておくと、最終的に完全な無秩序状態になり、その系のエントロピーは最大値を取ることになる。

エントロピーを情報と結びつけることもある。簡単に言えば、
秩序がある＝情報がある＝エントロピーが小さい
秩序がない＝情報が少ない＝エントロピーが大きい
という関係である。

孤立した系では、時間の経過とともにエントロピーが大きくなる、これがエントロピー増大の法則である。

あなたの書斎は、いくら整理整頓しても、1日、2日と時間が経つうちに、必ず乱雑に

なっていく。これはあなたのせいではなく、エントロピー増大の法則のせいである――という話をすると、たいていの人は納得してくれる。

よって、エントロピーと時間の間には密接な関係があることになる。第5章では、不可逆過程に時間の矢があるという話をしたが、

不可逆過程＝エントロピー増大の過程

であるから、エントロピー増大の方向に時間の矢があると見なしてもよい。

しかし、あなたの書斎はなすすべもなく散らかっていくわけでもない。自分でするのが面倒なら、奥さん（あるいは旦那さん）でもよいのだが、誰かが整理整頓すれば、書斎はふたたび整理された綺麗（きれい）な状態、すなわち秩序のある状態へと変化する。

生命は当然秩序立ったものだから、エントロピー増大の法則に逆らって秩序を維持する努力を日々続けているわけである。これが「生命は負のエントロピーを食べる」の意味である。

エントロピーの嵐

それではあらためて、生命とは何であろうか？

本書では生命として、単細胞生物を想定する。その理由は、単細胞生物が生命の基本形であり、また最初の生命は単細胞であったにちがいないということによるが、さらに言えば、単細胞生物に生命の基本的な働きがほとんどすべて入っているにちがいないという、筆者の確信である。

地球に最初に現れた生命は、自己をもち、記憶をもち、生きる意志をもっていたにちがいない。もちろん、自己と言っても我々がもっているような自己意識ではない。知能や自己意識は生命進化の最近の出来事であり、単細胞生物にそれらの能力があるはずもない。しかし、たとえ大脳や中枢神経系がなくても、生命は外界を察知し、それが敵か味方か、心地よいか心地悪いか、などを判断する主観をもつ存在であったにちがいないと思うのである。

実際に（単細胞）生命が行っていることは、おおよそ次のようなことであろう。

生命は細胞でできているが、細胞膜は外界と自己を峻別する城壁のようなものである。細胞膜の内部（そのほとんどが水である）には、生命活動をするためのさまざまの小器官が、情報を共有する有機的なネットワークで結合されているにちがいない。これが、秩序があるという意味である。

そして、これらの自己としての細胞全体の秩序を維持するために、外部から必要な物質を取り入れ、また不要な物質を外部へ排出する。

なぜ、そのような物質の出入りが必要かと言えば、細胞内部のすべての構成要素は、エントロピー増大の法則によって壊れていくからである。

これを「**エントロピーの嵐**」と呼んでおくことにしよう。

「嵐」などと大袈裟な、と思われるかもしれないが、小さな細胞にとって分子の熱運動による擾乱(じょうらん)は非常に激しいものであり、もし細胞が生きていなければ、その有機物の集合体は、またたくうちに海の（あるいは水溜まりの）藻屑(もくず)となって散ってしまうことであろう。常温での水分子の平均の速さはおおよそ秒速数百メートルである。猛烈な台風が来て、風速（秒速）数十メートルの風が吹いて大騒ぎする状況と比べてみれば、細胞内の小器官が周囲の水から受けている衝撃がどれほど強いかは想像できるであろう。実際、すべての生命には死があり、死とは細胞の秩序を維持することを放棄し、エントロピーの嵐に身を任せてしまうことなのである。

死は避け得ないものとしても、何とかそれに抗(あらが)い、秩序を維持するためには、壊れた小器官は速やかに外部へと廃棄し、入れ替わりに新しい小器官を早急に作らねばならない。そのために、つねに外部からその構築材料を取り入れておかねばならないのである。これが「生きる」ということである。

話が前後するが、先ほど細胞膜の内部はほとんど水であると記した。最初の生命はおそらく水中で生きていたであろうから、細胞の外もまた水である。つまり、生命は水とともに生きているのである。

水が生命にとってどれほど重要なものであるかは、強調し過ぎてし過ぎることはない。もし、地球の海がアルコールであったなら、生命はけっして誕生し得なかったであろうし、そもそも細胞が存在することも不可能であろう。

それゆえ、水の重要性について知ることは、生命を理解するうえで欠かせない。少し紙幅を割いて、それについて述べておこう。

水は宇宙においてきわめてありふれた分子であり、また非常に安定な分子である。安定であるということは、エネルギー的に役に立たないという意味でもある。水素や酸素は高いエネルギーをもっている（電子の軌道が高い位置にある）。その水素と酸素を結合させると水になる。たとえば、木を燃やすとは、炭素を主成分とする物質と酸素を化合させるという意味であるが、このとき生じるエネルギーのほとんどは酸素がもつエネルギーである。そしてその結果、炭素と水（水蒸気）が残る。木に限らず、モノを燃やせば必ず水が発生する。つまり、水はエネルギー的に低い位置にある安定な分子であり、もはやそこから化学的エネルギーを得ることは困難であるから、役に立たないと言うこともできるわけである。

しかし、それにもかかわらず水分子には特異な性質がある。

それは、水の分子を構成している電子軌道に偏りがあることである。

水の分子の化学記号は H_2O であるが、図6－4のように、分子全体に拡がるマイナスの電気をもつ電子の分布が酸素原子Oの方にわずかに偏り、水素原子Hは逆にわずかにプラスに偏る分極という性質をもっている。いわば、水の分子は電気的に弱い磁石のような状態になっている。これを水分子の極性と呼ぶ。

そのため、水の分子同士は軽く引っ張りあっており（これが表面張力の原因である）、細胞膜の構成要素であるリン脂質の親水性と疎水性をうまく活用して、伸縮自在な細胞という構造を成り立たせている。さらに、水分子はたんぱく質を構成するアミノ酸と引っ張

図 6-4　水分子は極性をもち、互いに軽く結びついている

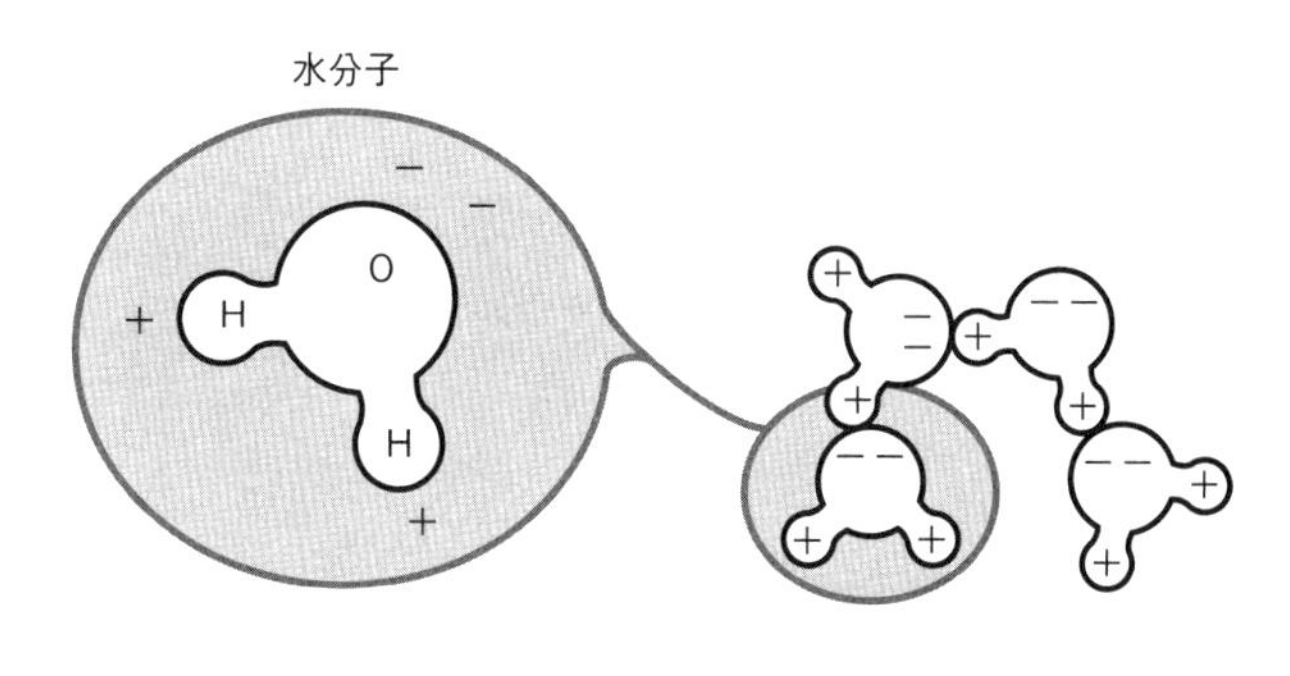

りあったりしりぞけあったりして、たんぱく質の立体構造を決めるという決定的な役割をしている。

これが水分子の特異な性質であり、それゆえ、生命を育む揺り篭となり得たのである。

最初の生命が生まれた環境

生命とは何か、あるいは生命が生命としてあるための要件を考えてみよう。

ここで考えるべき生命とは、現存している生命ではなく、地球上に現れた最初の生命である（生命の起源は宇宙にあるという説も有力ではあるが、現時点ではあまりに漠としているので、本書では地球起源説を取る）。なぜなら、我々の興味は生命がいかにしてエントロピーの嵐に打ち勝つことができたのかという点にあるのだから、すでに（何とかではあるが）エントロ

ピーの嵐に打ち勝っている現存の生命ではなく、最初にそのハードルを乗り越えた生命でなければならないからである。

生命の起源は、今のところ科学が解明していない最大の謎の一つであるが、その概要は次第に明らかになってきている。

最初の生命がどのような分子形態であったかは定かではない。現時点でもっとも有力なのは**RNAワールド**と呼ばれる説である。RNAはDNAとよく似た分子であるが、DNAが生命個体のすべての遺伝情報をもつ2本鎖であるのに対して、遺伝情報の一部しかもたず、1本鎖である。しかし、DNAより起源が古く、原始の生命はRNAを遺伝情報としていた可能性が高い。これをRNAワールドと呼ぶのだが、難点がないわけではない。簡単に言えば、RNAはたんぱく質よりさらに複雑な分子で、このような分子が自然発生する可能性はきわめて低いからである。

もっともあり得ることは、RNA-DNA-たんぱく質という組み合わせとは異なる、もっと簡単な構造の分子集団ではなかったかということである。

しかし、それが具体的にどんな分子集団であったかまでのアイデアは残念ながらないし、またそれが本書の目的でもないから、エントロピーの嵐に打ち勝つとはどういうことかという点に的を絞って話を進めよう。

重要なことは、最初の生命の分子構造ではなく、それがどのような場所、すなわちどのような環境であったかである。

その点については、現時点でも多くのことが分かってきている。


生命は海底火山の火口付近で誕生したという説が1970年代に提唱され、それが今ではもっとも有力な説となっているが、最近では陸上の活火山地帯の温泉であるという説も有力になってきている。

本論からは少しそれるが、陸上説の根拠の一つは、有機高分子の生成には、水分子が飛び出して結びつく脱水縮合反応という化学反応が必要で、それには完全な水中ではなく、むしろ乾燥した環境が適しているからである。しかし、それはあくまで補助的な条件であって、水中こそ生命誕生の必須要件であることに変わりはない。

どちらの説にもそれなりの根拠があるのだが、重要なことは、いずれの場合でも、非常に高温の環境であったということである。

まとめてみれば、最初の生命が生まれた場所は、海底であれ、地上であれ、

①高温で
②有機物に満ちた
③水中

であったろうということである。

なぜ、そのような場所でなければならないかという問いは、まさに生命とは何かという問いと重なることになる。

①高温、②有機物、③水中の三つの条件のうち、②の有機物は、生命の構成材料が有機物であるかぎり当然のことである。生命がなぜ有機物で構成されなければならないかと言えば、炭素、窒素、酸素、水素という四つの原子が作る分子構造がきわめて多岐にわたるということで充分であろう。たとえば、鉄や鉛やウラニウムなどといった原子だけで、現存の生命に対抗できるような複雑で柔軟な分子を作ることはほとんど不可能である（ＳＦの世界ではシリコン型生命というのがよく登場するが、炭素に比べれば不利であることは否めない）。

火山の火口付近では、これらに加えて、硫黄が豊富に供給され、また岩の表面が触媒として作用するからだと考えられている。
③の水中は、水分子の極性が細胞膜やたんぱく質の生成に不可欠だから、当然である。
もちろん、液体の水であることは必須である。


さて、重要なポイントは①高温である。

なぜ、生命は高温の水中で誕生しなければならなかったのであろうか？

たしかに、高温であれば、化学反応が速く進むという利点がある。しかし、高温であるということは、エントロピーの嵐が激しいということでもある。化学反応が速く進んでも、必要な分子がどんどん壊されるのであれば、高温という条件はむしろ不利なのではないだろうか？

組織の破壊を招かないような適度な化学反応の促進ということであるなら、もう少し穏やかなぬるま湯のような条件の方が有利であろう。実際、現存する地球の生命のほとんどは、もっと温度の低い条件の中で生きている。

なぜ、そのような高い温度が必要だったのか？

生命はつねに自分の体をエントロピーの低い状態に保っている。簡単に言えば、秩序を保っている。それゆえ、生命とは秩序であると見なせるが、しかし、秩序あるものすべてが生命ではない。

ダイヤモンドの結晶は、ある意味で生命より高い秩序を保っているが、生きてはいない。スイスの高級腕時計は精密に設計された秩序であるが、やはり生命ではない。ダイヤモンドの結晶ほどには強くなく、湿度や温度には弱いかもしれないが、高温になれば海の藻屑のように分解してしまうわけでもない。

生命とは脆い秩序である

こう考えてくると、生命は「脆い秩序」であるということが明らかになってくる。油断すれば、エントロピーの嵐に簡単に壊されてしまう。そういう儚い存在なのである。くどいようだが、なぜそのような脆い、儚い存在が、煮えたぎる過酷な熱水の中で生まれねばならなかったのだろうか？

あるいは当時、すなわち40億年近く昔の地球の深海や地下水や水溜まりの中で、まだ生命とは言えないが高度な代謝を行う有機システムができあがっていたかもしれない。これらの有機システムの基本単位は細胞であったにちがいない。

図 6-5　細胞の構造

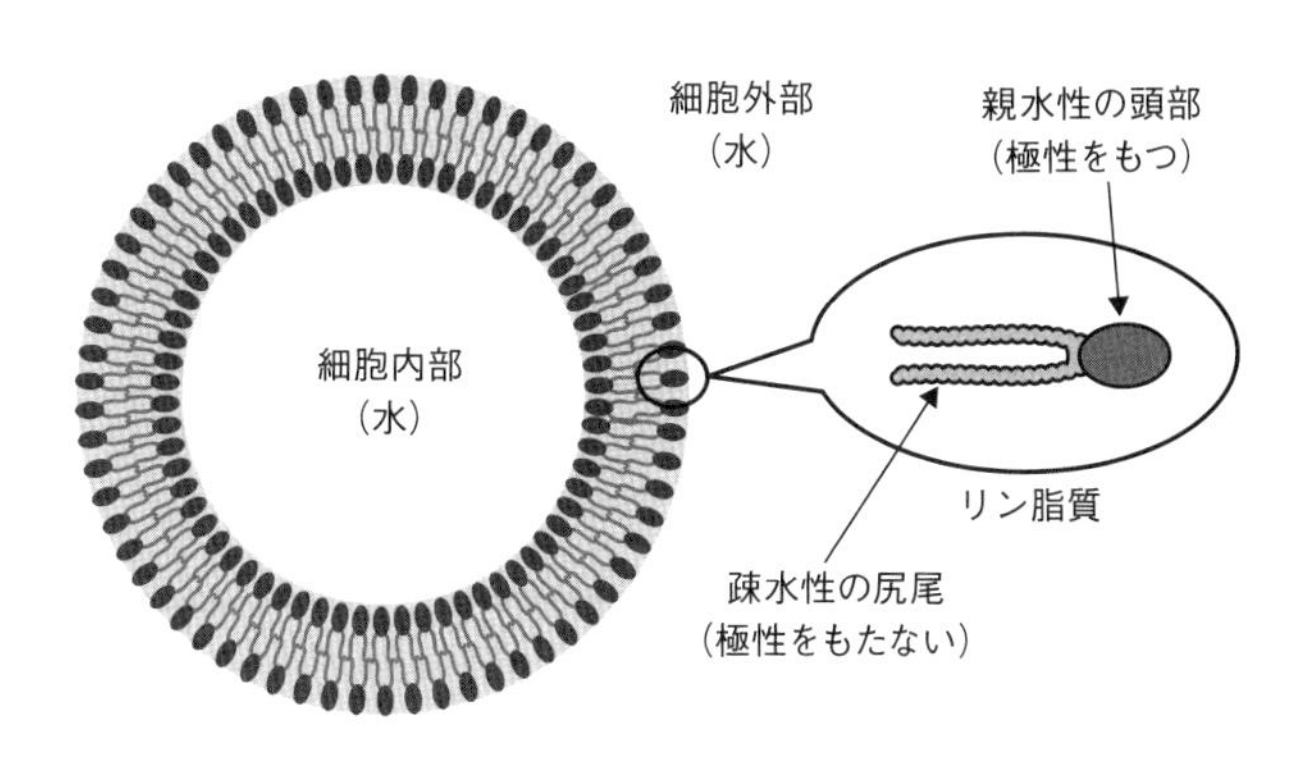

細胞膜は親水性の頭部と疎水性の尻尾をもつリン脂質の集合体で、液体の水の中では、先ほど説明した水分子の極性をうまく利用して、比較的容易に作り上げることができる（図6－5）。このような細胞の中には、内部に溜め込まれた有機分子の数が増えて、分裂するものもいたかもしれない。細胞膜の特徴を考えれば、細胞の分裂という作業もさほど難しいものではないからである。

これは自己増殖の原型である。DNAやRNAといった高度な遺伝子はまだ存在していなかったかもしれないが、自己複製ということにこだわらなければ、細胞の増殖は頻繁に行われていたにちがいない。

しかし、このような有機システムは、生命と呼ぶにはまだ何かが欠けている。それらは自然発生した有機分子機械のシステムであり、生命に必要な多くの要件を備えていたかもしれないが、まだ生命ではないのである。

生きる意志をもつ分子機械

それでは、生命であるとは、いったいどういうことなのだろうか？

馬鹿馬鹿しい、生気論（生命現象の合目的性を認める立場）の復活だ、などと思われるかもしれないが、あえて提案してみたい。

生命とは、「生きようという意志」をもった分子機械なのではないだろうか。

すべての生命が、生きようとしていることに疑問の余地はない。これは事実である。つまり、生命とは生きる意志をもった存在なのである。これが生命の定義だと主張して、どこが間違っているであろうか？

動物は言うまでもないが、植物もまた光を求め、水を求め、活発な活動をしている。中枢器官や神経系をもたない単細胞生物でも、顕微鏡下で観察すれば、光のある方向に動いたり、餌を追いかけたり、天敵から逃れたり、とまるで我々と同じ意志をもっているように見える。

もちろん、ほとんどの生物は自己意識をもたない。自己意識とは、生きる意志を自ら認識する能力であり、我々霊長類など限られた種だけがもつ特異な能力である。

心理学者ニコラス・ハンフリー（１９４３〜）は、自己意識とは集団生活をする霊長類が、自然選択によって発達させた能力であると主張している。[*2]

霊長類にとっての適者生存とは、猛獣などの天敵から逃れるということにも増して、仲間（相手）の心の内を読める能力の進化であり、相手の心の内が直接見えないとすれば、自分の心の内を見ようとすることによって自己意識が生まれたのだという。

それゆえ、ほとんどの生物は、「自己」というものを認識はしていないが、「自己」そのものはもっている。これは主観をもつと言い換えることもできる。自己と外界を本能的に認識し、外界から自己を守るということを、知らず知らずのうちに行っているのである。

デカルトは、人間以外の生物はすべて機械であると見なしたが、これは間違っていた。デカルトがそのように信じた理由は、当時のヨーロッパの知的世界がキリスト教の圧倒的な影響を受け、人間だけが神に似せて創られた創造物だと、ほとんどの知識人が信じていたからである。

現在では、人間は単細胞生物から始まった進化の末端におり、いかに外見がかけ離れていようと、我々は単細胞生物と多くの遺伝子を共有していることを知っている。それゆえ、外界と自己の認識という点においても、単細胞生物と我々の間には何らかの共通項があるはずなのである。

余談ではあるが、AIが進化して人間のような自己意識をもつことがあるかという問いは、非常に興味深い。

一昔前のAIであれば、そのようなことはないと主張することもできた。

ペンローズは『皇帝の新しい心』[*3]の中で哲学者ジョン・サール（1932〜）の「中国語の部屋」という思考実験を紹介し、アルゴリズムを遂行する能力があることと、理解することは別物であると主張した。

AIの箱の中に中国語をまったく理解しない人が潜んでいて（と言っても、外から見ていると、中国語を理解しない人もAIの一部である）、中国語でなされた質問に対して、本人はその内容を理解しないけれど与えられたアルゴリズムどおりに操作を行い、（理解していない）中国語で正しく返答したとすると、たしかにAIはチューリング・テストに合格しているけれど、AIも中に潜む人も、その内容を何も理解していない。アルゴリズムの遂行はただの機械の動作であり、そこにはいかなる心的感情も生じていないというわけである。

しかし、ディープラーニングという手法が開発されて、ＡＩの遂行するプログラムはＡＩ自身が改良を加えて進化し、もはや人間の手が届く地平を超えてしまった。

最近のＡＩは、囲碁のプロ棋士の挑戦をいとも簡単にしりぞけるが、そのＡＩの思考過程を追うことは誰もできないのである。プロ棋士はその着手を理解できないまま、ただ驚くばかりである。

生命の進化は自然選択によって進んでいくが、これには長い年月が必要である。ＡＩに自然選択はないが、ＡＩは進化する。なぜなら、ＡＩは自らに有利なプログラムを、自らの判断で選択していくからである。そのスピードは、我々のような生命の進化とは比べものにならないくらい速いであろう。そして、遠くない将来、ＡＩは自己意識をもつかもしれない。

しかし、その進化の過程は、生命の進化とは似ても似つかぬものになるにちがいない。

それゆえ、人間としか思えないようなＡＩが出現したとしても、それが人間の創造物であることは否定できないとしても、ＡＩと我々は似て非なるものであり、我々はあくまでも単細胞生物の末裔（まつえい）なのである。

さて、本論に戻れば、筆者はむろん古くさい生気論者ではない。人間を含めすべての生命は、物理法則に従う分子集団だけからできていると信じている。物質としての分子の集団がどのようにして生きる意志を生み出しているか、それはいまだ解明されていないが、いずれ科学はそれを解き明かすことであろう。

生きる意志の具体的な仕組みはさておき、それがどのような必然性の下に生まれ得るのかについて考えてみよう。

生きる意志は自然選択で勝ち残る

考えるヒントは、生きる意志が高温のエントロピー増大の嵐の中で生まれたということである。

当時の地球上では、生きる意志をもたないものの高度に組織化されたシステムをもつ細胞が無数に存在したであろう。これらの細胞はある期間活動を続けるが、やがてエントロピーの嵐に負けて、壊れていく。

海底火山の噴火口付近、あるいはそれによく似た環境下でも、同じような状況が生じているが、もっと穏やかな環境下よりも細胞の寿命はずっと短いはずである。

しかし、細胞の自己増殖が頻繁だと仮定すると、増殖した細胞間で強い自然選択が働くであろう。高温に適応するさまざまな機能が（ランダムに）開発され、より存続に適した細胞が生き残っていく。このとき、生き残るのにもっとも効果的な能力とは何であろうか？

生き延びようとする細胞と、生き延びることを考えない細胞では、どちらが生存に有利に働くかは明らかである。囲まれた環境が過酷であればあるほど、生きるという意志をもった細胞と生きる意志をもたない細胞との間での生き残る確率の差は大きいにちがいない。

高温の過酷な環境では、生きる意志をもたない細胞は早く淘汰されるであろう。

もちろん、穏やかな環境においても、生きる意志をもった細胞が生まれる可能性はあったであろうが、生きる意志がそう簡単には得られない稀なる能力であるとするならば、逆説的ではあるが、条件が厳しいほど稀なる能力は生まれやすいと言えるのではなかろうか。

人間社会においても、恵まれた環境に生まれ落ちた人より、むしろ逆境の中で生き延びた人の中にこそ、卓越した能力が育つことがしばしばあるのと同じことである。

オートポイエーシスに欠けている時間の発見

しかし、それにしても、生きる意志とはいったい何なのであろうか？

筆者は、それは時間の発見なのではないかと思う。

生命の有機システムとは何かについて、ウンベルト・R・マトゥラーナ（1928～）とフランシスコ・J・ヴァレラ（1946～2001）は、**オートポイエーシス**という考え方を提唱した。[*4]

オートポイエーシスの考え方は難解で、正直なところ、筆者の能力ではいまだ完全に理解しているとは言い難いのだが、自立性、多様性といった特徴をもつ有機システムの斬新な捉え方であろうと推測される。

マトゥラーナの論文の中には、次のような文章が出てくる。

「空間が二つに分かたれたとき、宇宙が生成する。」

「オートポイエティックな有機構成は、それじたいによってしか語ることのできないような閉じた関係領域をつくり出し、それが具体的にシステムとして実現されるような『空間』（傍点、筆者）を画定する。」

あるいは、引用が少し長くなるが、

「有機構成が一定であるのは、(中略)このような有機構成が実際に物理的空間(傍点、筆者)でどのように実現されるか、つまり現実の機械の構造は、有機構成を具体化する物質の性質(特性)によって変わってくる。それゆえ物理的空間(傍点、筆者)にはさまざまな種類のオートポイエティック・マシンが存在する。」

これらの文言を読んだときに筆者は、オートポイエーシスが生命システムとうたいながら、その論旨の中に生きているという実感を感じさせにくい理由が分かった気がした。オートポイエーシスの理論は、空間に組み立てられたものなのである。論文の中には、時間の概念がまったく登場しない。

時間の流れと関連する文章には、次のようなものがある。

「オートポイエティック・マシンとは、構成素の静的な関係によってではなく、構成素を産出するプロセス(関係)のネットワークによって規定されるような有機構成を備えた単位体のことである。」

静的な関係ではなく、構成素を産出するプロセスとは明らかに時間の経過を必要とするものであるが、この文脈では時間は重要なタームを占めてはいない。

図 6-6　オートポイエティックな細胞

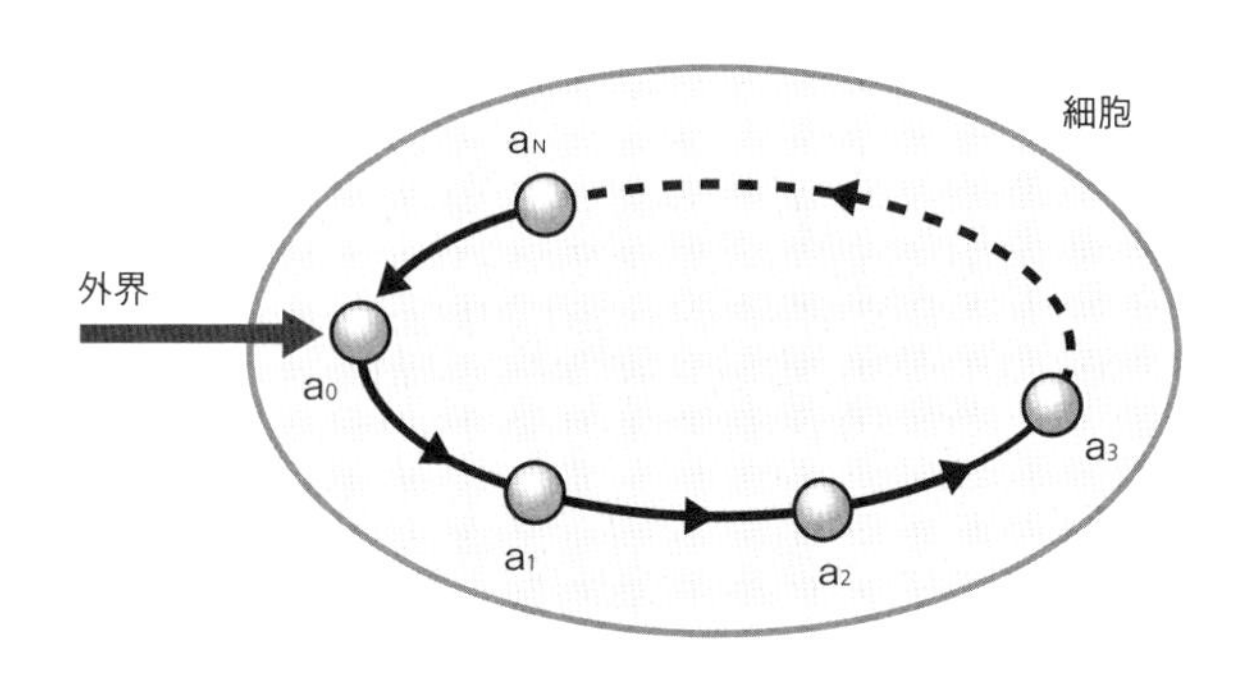

そこで、筆者が独善でイメージするオートポイエーシスの構造を、簡単な概念図で描いてみよう。図6－6は単細胞の一例で、点a_0, a_1, a_2, ……, a_Nは細胞内の関連した小器官を表す。a_0は外界からの情報を受け取り、それを何らかの手段によってa_1へ伝える。この伝えられた情報はさまざまな処理を受けながら、a_2, a_3, ……, a_Nへと伝達され、ふたたびa_0に戻るとしよう。この情報のループが細胞を細胞たらしめている秩序形成そのものである。もちろん、実際の細胞はもっと複雑で、小器官の数も無数であり、情報のループは錯綜したものとなっているだろう。しかし、その本質、すなわち一つの情報のループこそが細胞の秩序を保つ絆なのである。この絆が断たれれば、エントロピーの嵐によって細胞は崩壊へと向かっていく。エ

図 6-7　ミンコフスキー空間における有機システムのループ

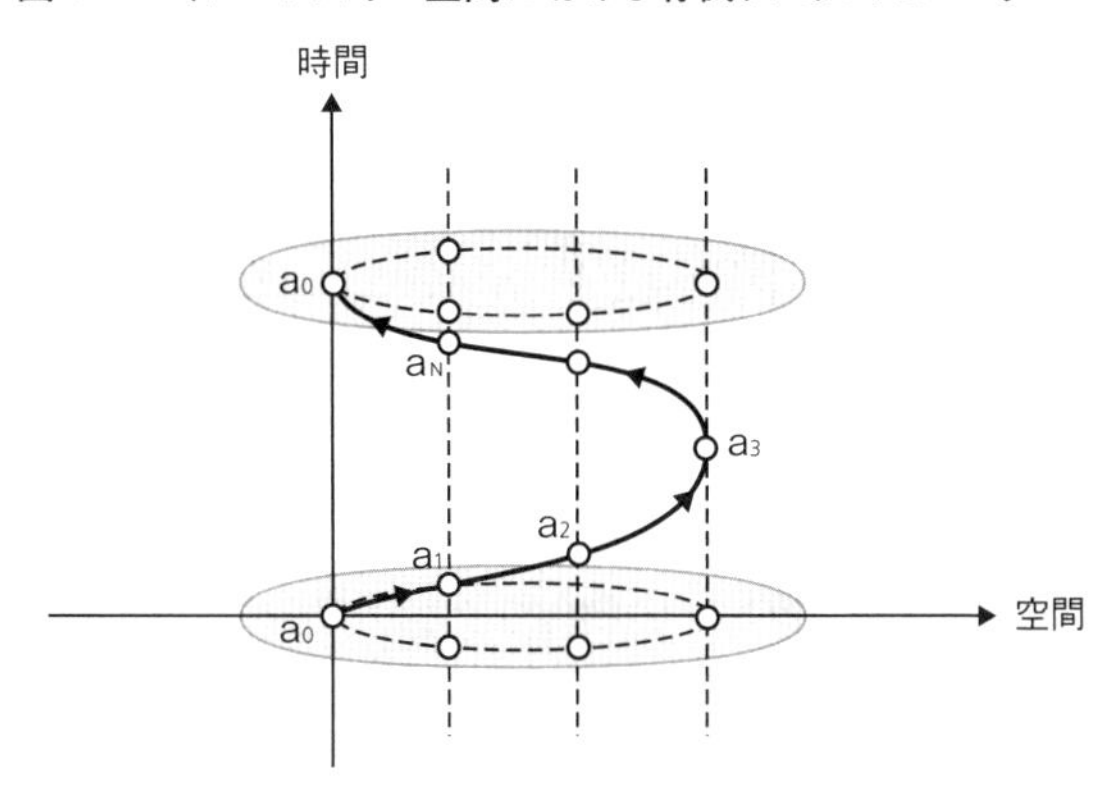

ントロピーの嵐に耐えて、情報のループをできるだけ多く、長く続けることこそが、細胞のシステムを存続させる唯一の手段なのである。

さて、この図を第1章で見た相対論のミンコフスキー空間の図で描き直してみよう。

図6－6は細胞の空間構造を表したものだが、時間の経過は読めない。しかし、**図6－7**のように、この空間平面（本当は3次元である）に時間軸を加えて、ミンコフスキー空間にする。そうすると、a_0から伝わっていく情報の世界線が立体的に現れてくる。

3次元的な図を紙面に描くと、かえって煩雑になってしまうので、空間を1次元にしてしまおう。そして、小器官の個数をa_0, a_1, a_2の三つだけにす

図 6-8　有機システムの情報ループが a_0 にふたたび戻るとき、時間 Δt が経過している

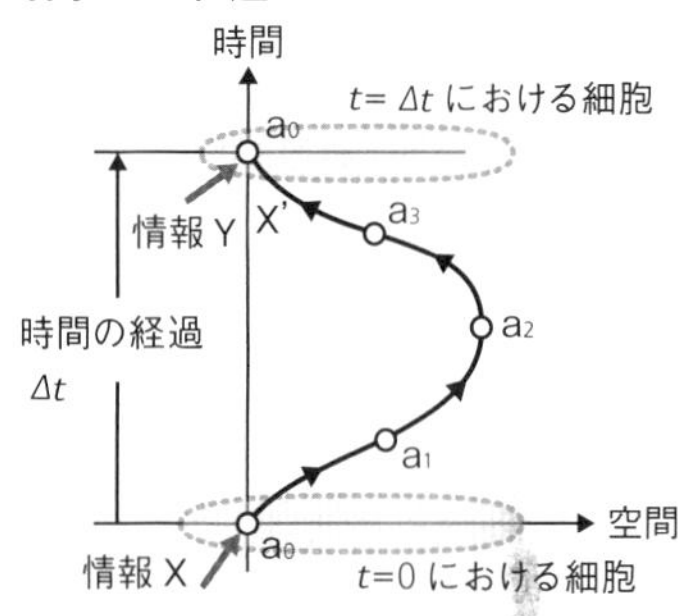

図では便宜上、情報ループの世界線の傾きが 45° 以下に描いているところもあるが、いずれも光速を超えることはない。

る（図6－8）。このようにしても、システムの本質は変わらない。

小器官a_0は時刻$t=0$で外界から何らかの情報X、たとえばある方向からやってくる光の点などを得るとする。この情報は化学物質（分子）の移動や電子（電気信号）の移動などの適当な手段によって小器官a_1に伝達され、a_1はこの情報に基づいてXが受け入れるべきものなのか、遺棄すべきものか、などの判断をすると同時に、a_2に情報Xを伝達する。小器官a_2は情報Xとともにa_1が判断した情報も受け取り、自らの行動を決定する？　その避けるべきか、近づくべきかなど。そして、その判断はふたたび小器官a_0に、処理された情報X'として戻ってくる。

重要なことは、この情報のサイクルあるいはループは、瞬時にはできないということである。なぜなら、物質やエネルギーの移動は、真空中の光速を超える速さで伝わることはないからである。情報Xがふたたび小器官a_0にX'として戻ってきたとき、a_0の時間軸上では、a_0が最初に情報Xを得た瞬間から、Δtだけの有限の時間が経過している。

もし、細胞が点状の存在であるなら、このようなことはない。すべての出来事は同時に起こる。しかし、細胞は有限の広がりをもっている。そのため、いかに小さな細胞といえども、細胞内部の情報伝達には、相対論による制約としての有限の時間経過が必要なのである。

こうして、小器官a_0は時刻$t=\Delta t$においてループを回ってきた情報X'をふたたび受け取るが、この同じ瞬間に$t=\Delta t$における外部からの情報Yを受け取ることになる。

情報Xがある場所からの光の点であり、情報YがXよりも少し離れた場所からの光の点であるなら、小器官a_0は情報Xと情報Yの違いを認識するであろう。$t=\Delta t$において、情報Xは過去の情報X'となっている。小器官a_0にとって、この瞬間の情報X'は外界からの生のものではなく、いわばややぼやけた過去のものである。すなわち、X'はXの「残像」であり、これは小器官a_0の「記憶」と言ってよいであろう。それに対して、情報Yは今この瞬間の生の情報である。

こうして、小器官a_0、あるいは細胞全体は、光の点がXからYへ動いたことを知るのである。

生きる意志とはモノの動きを知ること

第4章において、モノの動きは記憶がなければ認識できないということに言及したが、まさにこの細胞のサイクルにそれが出現するのである。こうして、細胞はモノが動くことを知り、それが時間の経過であることを悟るのではないだろうか。

時間の流れが生まれる仕組みは、簡単なものではないであろうが、これまで見てきたように、ミンコフスキー空間に時間の流れがないことは疑いようがない。ただし、分子の大集団というマクロの世界では、瞬間瞬間における時間の方向性が与えられている。不可逆過程というマクロの世界で初めて登場する法則であり、それを数値化すればエントロピー増大の法則となる。この時間の向き、あるいは静止した時間の矢に乗って、動き、すなわち時間の流れを生み出すのが生きた細胞の内部で生まれる情報のサイクルではないだろうか。

ここに時間の流れが生まれ、モノが動き始めるのである。

仮に、このような考え方が大筋で正しいものであるとするならば、次のような仮説が提起されるであろう。

生命と非生命の違いは、生きる意志をもつか、もたないかの違いである。生きる意志をもつことは、時間の流れを創ることと同義である。一つの細胞の内部において、外界からの情報を処理する情報伝達のサイクルが完成したとき、細胞は記憶をもち、そのことによってモノの動きを感知し、やがて外界の動きから時間の流れを自覚するようになり、主体としての「自分」の内部時間の流れも感じるようになる。このような主観をもつ生命は、いかなる非生命が作る巧妙なシステムよりも、はるかに強い生き延びていく能力を獲得するであろう。

エントロピー減少の世界に生きる意志は必要ない

最後に時間の流れの向きについて、念のため補足しておこう。

生命が感じる時間の流れの向きは、エントロピーが増大する方向を向いているが、それはプリゴジンの提唱する時間の矢の向きと一致するからだという捉え方は正しくない。なぜなら、我々は初めから不可逆過程の向きを当然であるかのように決めてしまっているが、それは我々の内観による時間の向きからそう決めているのである。

なぜ、エントロピーの増大が時間の矢の向きなのかは、別の理由が必要である。

その理由は、エントロピー増大の向きとは、秩序が壊れていく向きだからである。壊れる秩序に逆らって、その秩序を保とうとするのが生命である。いわば、逆境に打ち勝つ意志と言ってもよいであろう。もし、この向きが逆であるならば、エントロピー減少の法則が成立し、時間が経てば秩序が生まれてくる世界が現れる。放っておいても秩序が生まれる世界に、秩序を保とうとする努力が必要になるだろうか？　そのような世界では、生命が存在する必然性がないのである。

生命に死が避け得ないのは、仕方のないことである。死や無秩序を嫌うなら、永遠に摩耗することも壊れることもない材料で生命を創ればよい。しかし、そんなものは生命ではない。つねに崩壊の恐怖と闘うところに、生きる意志が生まれるのである。よって、生命は脆い壊れやすい材料で創られているのである。

「人間は考える葦である」とのブレーズ・パスカル（1623〜62）の名言をもじって、「生命は時間の流れを創る葦である」と言ってもよいであろう。

図 6-9　「生きる意志」は、らせんを描いて時間軸上を進む

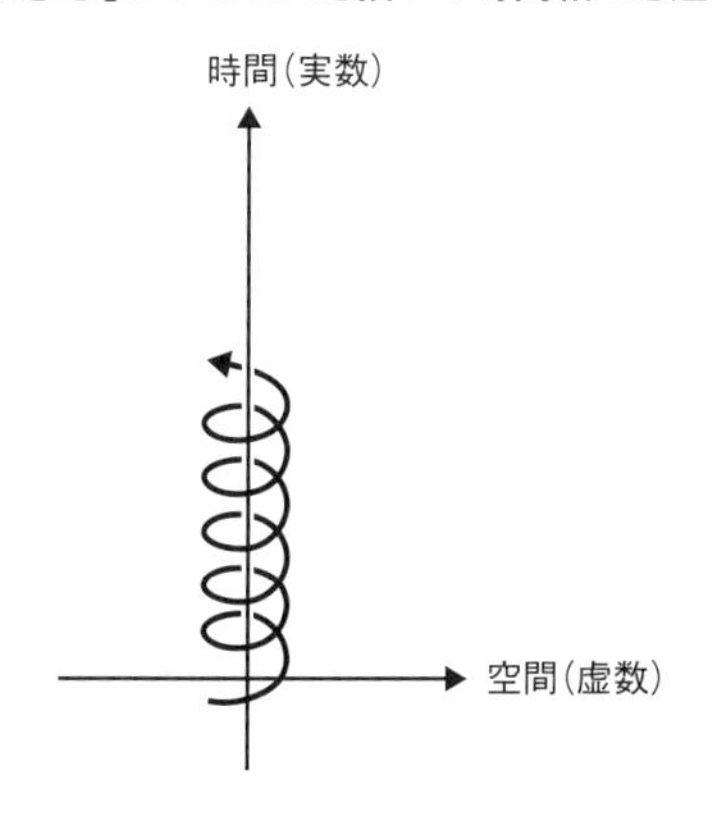

生きる意志は、モノではない。ミンコフスキー空間の上に生命を描くとすれば、それは時間軸に沿った複雑な、しかし、基本はらせん形の網目模様ということになるが、そのように描かれた世界線の束は、単なる個々の事象の集合でしかない。生きる意志、あるいは時間の流れは時空に「絵」として描くことはできない。それはモノではない、事象でもない、そういう意味では一種の新しい生気論なのである。

生命は、ミンコフスキー空間の時間軸に沿ってまとわりついた情報の亡霊のようなものである（図6－9）。

マクタガートが「時間は実在しない」と主張したことも、そういう意味では納得できるのではなかろうか。

もちろん、生命は単なる亡霊ではない。自由意志があり、自らの細胞を動かすこともできれば、外界に働きかけて改変することさえできる。ある意味、生命は宇宙を創造しているとさえ言えるかもしれない。

ミンコフスキー空間、あるいはリーマン空間という時間の流れのない静的な宇宙に、動的な生命が存在することは奇跡である。

第7章　物質が空間を作り、生命が時間を創る

万物の理論

かつて、ホーキングは万物の理論というものを提唱した。宇宙のすべての事柄はたった一つの方程式で記述できるというのである。

この考え方には、ニュートン力学との共通点がある。

つまり、一つの方程式がすべてを説明するという思考である。

もちろん、ニュートン力学の考え方は量子論によって根底から覆されたのであるが、量子論は粒子ではなく波動関数と確率という概念を持ち込んだものの、波動方程式がすべてを説明するという考え方においては、ニュートン流と異なることはないのである。

しかし、我々は、量子論やホーキングの万物の理論がたとえ正しくても、世界はそれだけで説明できるものではないと、うすうす勘づいている。

我々は、人間であるということを離れて、あるいは自分自身の主観と自己意識を離れて、世界を理解することはできない。人間のいる世界は、物理学だけではなく、科学全般をもってしても説明できない事柄や現象に充ち満ちている。現代社会では科学的事実が重視されるけれど、客観的な視点に立てば立つほど、それとても本当に信じられるものなのかという疑念を拭うことはできない。

なぜなら、人類が文明をもった1万年に比べて、近代科学の歴史はせいぜい400年であり、この後、どのような発展をするか予想もつかないからである。

あるいは、科学に代わる新しい知の指導原理のようなものが現れないとも限らないし、人類は自らが発明したAIによって淘汰されることになるかもしれない。

宇宙の階層構造

いずれにしても、これまで考察してきたことを振り返ってみると、この宇宙の出来事は一つの方程式で記述されるようなものではなく、幾層にも重なった次元の異なる階層構造をなしているようである。

現代の物理学を信じるとして、確実なことは、この宇宙の器であるミンコフスキー空間を作り出したのは、質量をもった物質粒子であった。

標準理論によれば、素粒子は本来質量をもたない。質量0の粒子は、我々の目から見れば光速で動くが、光速で動くものの世界線の長さ、すなわち固有時間は0であるから、質量の存在しない宇宙には、器である空間も時間も存在しないことになる。平たく言えば、ペシャンコの宇宙である。

1964年にピーター・ヒッグス（1929〜）がヒッグス機構という質量の起源に関するアイデアを提唱し、その後、2012年にCERN（ヨーロッパ合同原子核研究機関）のLHC（大型ハドロン衝突型加速器）によってヒッグス粒子が発見されたことによって、質量の起源が裏付けられた。質量をもった粒子は、もともとの宇宙には存在せず、ヒッグス機構という仕組みによって作り出されたのである。そして、その瞬間に時空という宇宙の器もまた誕生したことになる。

ミンコフスキー空間、あるいはリーマン空間は、3次元の空間と1次元の時間からなる時空である（空間は3次元ではなく、10次元であるというもっともな説もある）。しかし、この段階においては、時間は我々が認識しているような方向性のある（あるいは流れる）時間ではなく、むしろ空間のもう一つの次元なのである。それゆえ、ミンコフスキー時空と呼ぶよりも、ミンコフスキー空間と呼ぶべき幾何学的な構造をしていると見なしてよいであろう。

次の階層構造は、巨視的な粒子集団において現れる。素粒子同士の相互作用は完全に時間対称であり、あえて因果関係を問うたとしても、どちらの時間方向にも原因と結果の説明が可能である。ところが、たとえば粒子が1兆×1兆個も集団としてあるとき、不可逆過程という形で時間の非対称性が現れてくる。

これは我々が、そのような多数の粒子の運動方程式なり、シュレーディンガー方程式なりを解けないという情報の不確かさの帰結だという考えもあるが、プリゴジンは動力学、熱力学、量子力学などの知見を駆使して、これを否定する。すなわち、時間の矢は巨視的世界の構造として現に存在すると主張するのである。


プリゴジンの考え方がすべて正しいかどうかは批判的に見なければならない、という意見もあることを第5章で紹介した。しかし少なくとも、ボルツマンから1世紀を経過し、散逸構造など新しい熱力学の発展に貢献したプリゴジンの深い考察の結果は、永劫回帰という摩訶不思議な考え方よりもはるかに説得力があることは間違いないであろう。

巨視的世界には、一つの階層構造として不可逆過程という時間の矢が存在する。

しかし、プリゴジンの時間の矢には動きはない。このことだけは、はっきりしておかねばならない。

「動き」とは、ある瞬間における「実像」と「残像」の共存がなければ、けっして認識することができない概念である。つまり、それは記憶によって成立する現象であり、生命システムが存在して初めて認識されるのである。

つまり、不可逆過程の次の階層構造として、生命が出現する。いかにして生命システムが出現したのかを、我々はいまだ知らない。近い将来、その謎は解明されるかもしれないが、それでも、なぜ、生命システムがこの宇宙に存在するのかの理由を、我々は永遠に知ることはないだろう。

どこに階層構造の区切りを規定するかは、多分に恣意的なものであるが、むしろ重要なことは、それぞれの階層に出現する現象の特異性である。

ある階層構造が出現する必然性は、どのレベルにおいてもないように思われる。現代物理学の言葉で言えば、確率性であろうか。

それゆえ、ビッグバンも含めて、我々が知るさまざまな階層構造は、一つの方程式から必然的に導かれるような単純なものではないのである。

無意識と自己意識の階層構造

生命が出現して以降も、さまざまな階層を見ることができる。

光合成の発明は多細胞生物を生み出し、神経系から脳への進化もまたしかりである。

すでに何度も述べたように、すべての生命には生きる意志があるが、しかし自己意識をもつ生命はさらに次の階層と考えてもよい。

第6章で自己意識の進化についてのニコラス・ハンフリーの説を紹介した。自己意識は、単に生命の複雑化、脳の複雑化によってだけ生じたのではない。それは、単体としての生命ではなく、集団的な社会生活の結果として生まれたものであり、おそらく限定された霊長類の一部にだけ存在する。

鏡を前にして、チンパンジーは眼前のチンパンジーを自分だと認識するが、犬はそれを自分だとは気付かない、とハンフリーは興味深く語っている。

しかし、チンパンジーの自己意識は無意識の自己意識である。もう少し正確に言えば、チンパンジーは仲間とのコミュニケーションの場においてのみ、自己を意識する。尖った石片で肉を刻むとき、チンパンジーの意識は石片の上にはない。それゆえ、彼らの手にした石片は石に過ぎず、道具ではないのである。

考古学者スティーヴン・ミズン（1960〜）によれば、我々が手にした石片を道具だと意識したのは、わずか数万年前のことだという。

ミズンによれば、我々の大脳はその働きとして、一般知能、博物的知能（後に科学へと発展する知能）、技術的知能（道具を使う知能）、社会的知能（仲間とのコミュニケーションをはかる知能）、そして言語的知能の五つのモジュール群に分かれているという。チンパンジーの大脳もよく似ているが、彼らには言語的知能のモジュール群がない（１０００くらいの単語を覚える能力をもち「天才ボノボ」と呼ばれたカンジのような類人猿は、一般知能によって言葉を理解する。大人が外国語を学ぶ場合もそれに近い）。人間や霊長類が自己意識をもつのは、社会的知能によるものである。しかし、チンパンジー（や数万年前の人類）では、自己意識が社会的知能の範囲にしか及ばず、たとえば石片を手にして肉を刻んでいるとき、彼の意識はそこには及ばず、自分が石器という道具を使っているという自覚がないのである。

しかし、言語という新しい手段によって、人類の大脳のモジュール群は数万年前に認知的流動性を得たのである。こうして、人類は自分の活動のかなりの部分にまで意識が及び、それが文化的爆発へと至ったというのである。

このようにして、文明という新たな階層構造が出現した。

宇宙の階層構造は、おそらくこれで終わりではない。

第6章で触れたように、人間が創り出すＡＩが自己意識をもったとき、新たな階層構造が生まれるのかもしれない。

次に何が来るかは、神でさえ予測できないであろう。

ふたたび実在と幻影（イリュージョン）について

生命進化における階層構造の誕生は、時間と空間、あるいは不可逆過程の出現に比べれば明瞭性に欠けるものかもしれない。

しかし、それぞれの階層の段差は、それを見る立ち位置によって異なって見えるのであって、絶対的なものではない。

時間と空間が実在ではなく、イリュージョンであるなら、物質世界、生命世界におけるすべての現象もまたイリュージョンであると言わねばならない。

日高敏隆は『動物と人間の世界認識——イリュージョンなしに世界は見えない』[*1]で、1930年代に動物学者ユクスキュルが唱えた環世界という考え方を紹介している。

交尾後、樹木の上でひたすら下を通る獣を待つダニのメスには、酪酸（らくさん）の匂いと温度差だけが彼女の世界のすべてなのである。また、花の蜜を求めて飛び回るモンシロチョウには、開花している花だけが見えて、蕾（つぼみ）の花は見えない、というか存在しない。これらが、彼らの環世界である。

強調するが、彼らには、それ以外の世界が見えないのではなく、存在しないのである。

我々人間は、すべてを知っているように錯覚しているが、もちろん人間には人間の環世界があり、感覚器官だけでなく科学の力をもってしても見えない世界が存在するのである。これは、霊界やあの世のことを言っているのではない。

本章で述べた宇宙の階層構造は、いわば人間の環世界の姿であり、ある意味、すべてがイリュージョンとも言えるのである。

以上のことを踏まえて、あらためて時間について考えるなら、本書では物理的時間にこだわりすぎた感がある。生命が時間の流れを創るとはいえ、それはミンコフスキー空間を前提とした物理的時間である。筆者が物理畑であるから致し方ないこととはいえ、もっと違う時間があっても不思議ではない。

そういう目で見れば、文系の研究者の時間論には興味深いものがある。文化人類学者の野村直樹（１９５０～）は、マクタガートの時間系列を敷衍（ふえん）してE系列時間というものを提唱している。[*2]

たとえば、オーケストラの演奏を考えると、さまざまな時間がそこにはある。コンサートを鑑賞しにきた人、演奏する人にはそれぞれの時間があり、そのコンサートで自分が何を感じ、どんな体験になるかというA系列時間がある。しかし、演奏者と聴衆はばらばらに体験するのではない。演奏会が成立するためには、演奏者、聴衆に共通な客観的時間、すなわちB系列時間がなくてはならない。さらには、すべての演奏者が拠り所とする共通の楽譜があるが、これはC系列時間である。しかし、これだけで演奏会が成立するわけではない。「関わりがあって初めてできること……、そこでは演奏者も聴衆も楽器もまわりの空気までもが調和にむかう。まわりと同調することで生きた時間が生まれてくる。」これが野村の言うE系列時間である。

物理学徒には、想像もつかない時間であるが、なるほど人間の環世界として充分あり得ることである。集団生活をする霊長類が初めて自己意識をもったように、他者との共存の中で生きる我々が体験するのはE系列時間であるかもしれない。

イリュージョンとは真実でない、頼りにならないものと思いがちであるが、実はイリュージョンこそが現実的で意味のある唯一のものであるかもしれない。

古代ギリシャの哲学者プラトン（B.C.427〜B.C.347）はイデアの存在を信じていたが、そして筆者は大のプラトン贔屓（びいき）であるが、実のところこの世界はイデアではなく、イリュージョンによって成立しているのではないだろうか。

未来からの光が見えない理由

本書の締めくくりに、付録的ではあるが、未来からの光はなぜ見えないのか、ということについての私見を述べておきたい。

この論考（と言えるほどのものでもないが）は、本来なら本書に加えるつもりはなかった。というのも、以前、ある現役の研究者にこの着想を話したことがあるのだが、そのときあからさまな軽蔑の眼差しを受けたのだ。それ以来、このアイデアを封印していたのであるが、やはり何らかの形で公けにしておいた方がよいのではと思い直し、本書にあえて加えることにした。しかし、本書のど真ん中に記す勇気はさすがになく、私の話を面白く最後まで読んでくださった方々にだけ披露しようと思い、こうして最後に加える次第である。

人間とは弱いものであって、自分の主張が世に受け入れられないときには自信をなくすものである。逆に、しかるべき人が自分と同じ意見を述べているときには、勇気を得るものである。

たとえば、第4章で紹介したポール・デイヴィスの時間に関する考え方は、本書を書くうえで大きな勇気を与えてくれた。

時の権威に逆らってまで持論を主張できるのは、よほど確たる信念と情熱と努力が必要であり、筆者のような怠け者の凡人には不可能である。そういう意味では、若い無名時代のイリヤ・プリゴジンの逸話には感動するばかりである。

個人的感想はさておき、未来からの光はなぜ見えないのかという話に移ろう。

過去のベテルギウスから届く光

まず初めに、ミンコフスキー空間のグラフを使って、モノが見えるということはどういうことかということを確認しておきたい。

現在の「私」が、冬の夜空に輝くオリオン座のベテルギウスを見ているとしよう。地球からベテルギウスまでの距離はおよそ643光年であり、現在「私」が見ているベテルギウスは、（「私」の時間で測って）643年前のベテルギウスの姿である。

図 7-1 「私」は 643 年前のベテルギウスを見る

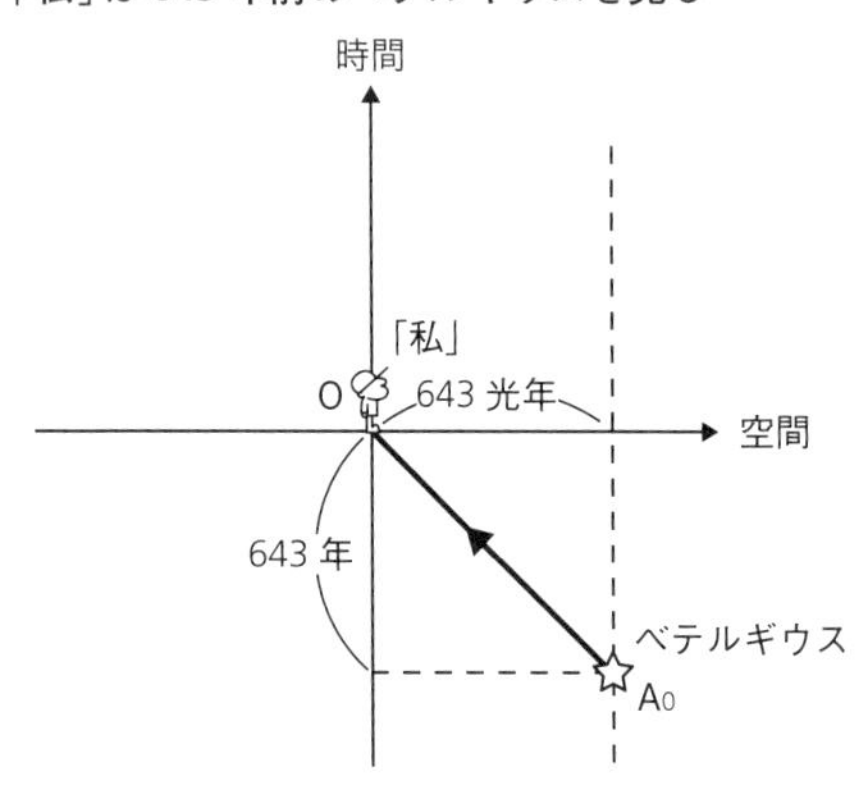

その様子を時空のグラフで描けば、**図7－1**のようになる。

このグラフを、時空の点A_0にあるベテルギウスから光が矢印のように643年かけて現在の「私」(原点O)に到達する、という読み方をしてはいけない。

なぜなら、第1章で見たように、点Oと点A_0の長さは0である。つまり、点A_0から出た光が643年かかって点Oに届くのではなく、点A_0と点Oは距離0で結びついているからである。

もう一点、注意すべきことは、図7－1はある瞬間、つまり時間を止めたときの時空のグラフでしかない。

実際には、「私」の「いる」時間は、**図7－2**のように、O_1, O_2, O_3と動いていく。このとき「私」

図 7-2 A_0,…,A_3 のベテルギウスを「私」は O,…,O_3 で見る

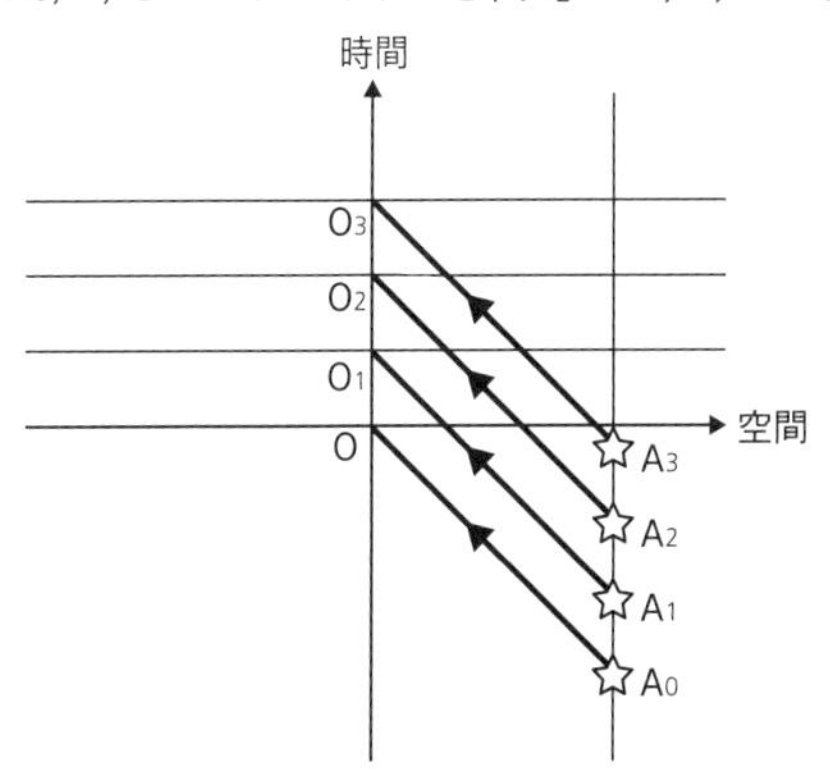

が見るベテルギウスの姿もA_0からA_1，A_2，A_3と時間軸に沿って上の位置に並んでいるベテルギウスを見ているわけである。

未来のベテルギウスから届く光

次に643年未来のベテルギウスと現在の「私」を結ぶ光の世界線も見てみよう。

このとき、常識的な解釈は**図7－3**（184ページ）のようである。

現在の「私」から出た光は643年未来のベテルギウス（点B_0）に届く。つまり、光の矢印は点A_0から点Oへ向かうものと、点Oから点B_0に向かうものとになる。

しかし、ミンコフスキー空間は完全に時間対称のはずである。

図 7-3 常識として、光は過去から未来へ進む

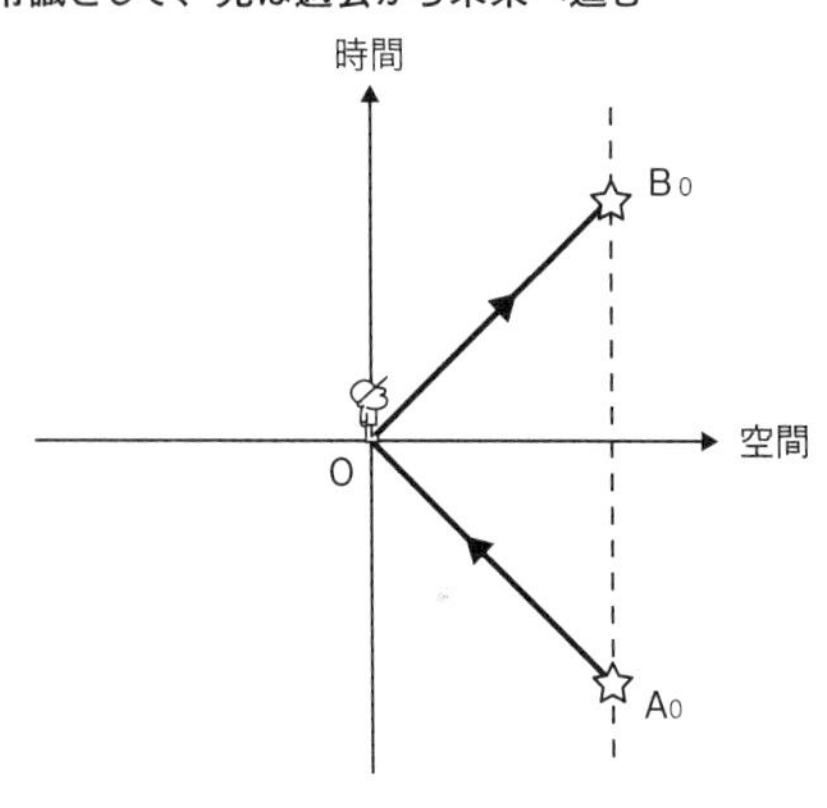

それでは、なぜ次の図7－4のような光は存在しないのだろうか？

点B_0から点Oへ向かう光、また点Oから点A_0へ向かう光とは、未来から過去へ向かう光である。「未来から過去へ向かう光などあるはずがない」というのは、単に我々の経験が言わしめている説明にすぎない。

繰り返すが、ミンコフスキー空間は時間軸に対しても対称であるはずなのである。

なぜ、そのことに固執するのかと言えば、これも第4章で少し触れたが、波動方程式の解には必ず進行波と後退波の二つの解が現れるからである。

中学の数学で、2次方程式を解けば、必ず二つの解が現れるのと同様である。

このとき、問題の条件に照らし合わせて、二つ

図 7-4　なぜ、B_0→O、O→A_0 へ進む光は存在しないのだろうか？

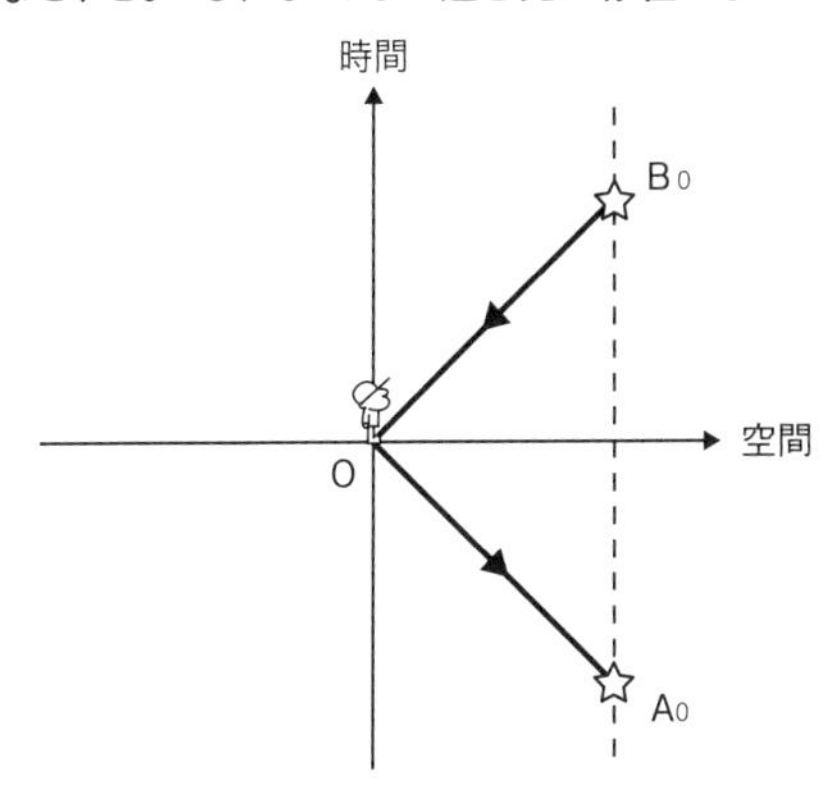

のうちの一方は不適ということがある。一方の解を不適とするのには必ず理由が必要である。

では、「未来から過去への光など存在しないから」という理由は正当であろうか。

筆者にはそうは思えない。

モノは必ず過去から未来へ進むのだ、光だって同じだ、という理由は少々乱暴である。

反粒子は未来から過去へと進む

実は、光ではなくモノ、すなわち質量をもった粒子で、未来から過去へ進むものがある。

反粒子である。

すべての素粒子は、自分自身と電荷が反対なだけで、あとはまったく同じである反粒子をもっている。たとえば、電子の反粒子は陽電子である。

陽電子はディラックによってその存在が予言されたが、その予言もまた、2次方程式や波動方程式と同じような方程式の解からなされたものである。

陽電子は、未来から過去へと進む電子であると解釈されている。陽電子に限らず、すべての反粒子についても同様である。

しかし、素粒子の中には電荷をもたないものもある。たとえば、ニュートリノは電荷をもたないが、それでも反粒子をもっていて、素粒子反応の中で、その存在は確認されている。

光もまた電荷をもたない。しかし、反粒子はある、ということになっている。いったい、光の反粒子は何なのか?

それは光そのものである、ということになっている。

そうすると、光の反粒子（以下、反光子と呼ぶ）とは、ふつうの光が未来から過去へと進む姿であるということになり、これは未来から過去への光を肯定することになる。

素粒子物理に興味がおありの方は、我々の宇宙ではほとんどがふつうの粒子で、反粒子はごくわずかであることをご存じであろう（「ふつう」とか「反」とか言うのは、単に言葉のあやで、「ふつう」と「反」は逆でもよい）。

だから、反光子もごくわずかしか存在せず、それが理由で未来から過去への光が見えないのだ、という説明もありそうである。

しかし、なぜ現在の宇宙に反粒子がごくわずかしか存在しないのかについては、次のように説明されている。

粒子と反粒子は衝突すると、対消滅（ついしょうめつ）して存在しなくなってしまう。素粒子の世界では、創生と消滅は日常茶飯事である。しかし、これではエネルギー保存則が成立しないので、対消滅のあとには同じエネルギーをもった二つの光子が生まれる。

宇宙の始めには、この対消滅とそれとは逆の対創生（二つの光子から、二つの粒子が生まれる）が頻繁に起こり、平衡状態を保っていたのだが、宇宙の膨張による冷却にともなって対創生がほとんど起こらなくなってくる。そうすると、最終的にこの宇宙から物質は姿を消し、光ばかりになるはずなのだが、現実はそうではなく、この宇宙はほとんどふつうの粒子が占めていて、それが星間物質になり、星になり、銀河になり、こうして我々の宇宙が今ある。

つまり、宇宙の始めには、ふつうの粒子がなぜかほんの少し反粒子より多く存在したため、対消滅を逃れたふつうの粒子が現在の宇宙を構成しているということらしい。
なぜ、ふつうの粒子がわずかに多かったのか、つまり対称性が破れているのかは、いまだ謎なのだが、この大まかなシナリオは正しいとしよう。

そうすると、現在、我々が見ている光は、ふつうの光と反光子がほぼ同じ程度なければならない。なぜなら、我々が見ている光は、宇宙の始めの頃に物質粒子とその反粒子が対消滅することによって生じたものである。とすれば、粒子と反粒子の消滅の結果、生まれる光子は、ふつうの光子と反光子が半々となるであろう。

粒子と反粒子が反応して消滅したときに、ふつうの光子だけが生じると考える方がおかしい。創生されるのは光子と反光子と考える方が自然である。もし、そうでないなら、そうなる特殊な事情があったはずである。

このように考えてくれば、現在、我々の周りに満ちている光は、そのほぼ半分が反光子でなければならない。そして、反光子とは未来から過去へと進む光子であるのなら、我々は過去のモノの姿だけではなく、未来のモノの姿も見えなければならないのではなかろうか?

ハードSFの発想か？

あらためて問おう。なぜ、我々は過去からの光しか見えず、未来からの光を見ることはできないのだろうか？

今から述べることは、まったくの見当外れかもしれない。せいぜいがハードSFのネタであるかもしれない。実際ハードSF好きな人ならきっと気に入ってくれると思う（このネタでSFを書く人は、必ず筆者の許可を得ること）。

まず、過去からの光が見える様子を、図7－2（183ページ）を思い起こしながら、次の**図7－5**（190ページ）を見てほしい。

今、原点Oの「私」は点A_0から出た過去の光を見ているが、この瞬間にも「私」は（時間の流れを創る生命だから）時間軸を上方向に動いている。図に示したように、「私」から空間軸方向には第2章で紹介した非因果領域が「翼」のように拡がっている。

A_0にあるもの、たとえばベテルギウスの姿は非因果領域にある間は見えないが、非因果領域から出てきた瞬間、「私」の目に入ることになる。こうして、過去のベテルギウスの姿は非因果領域の「翼」の下から次々に現れ、「私」は時間軸を上方に移動しながら、ベテルギウスの時間軸上方の姿を次々に見ることになる。

図 7-5 非因果領域の「翼」の下からベテルギウスが現れる

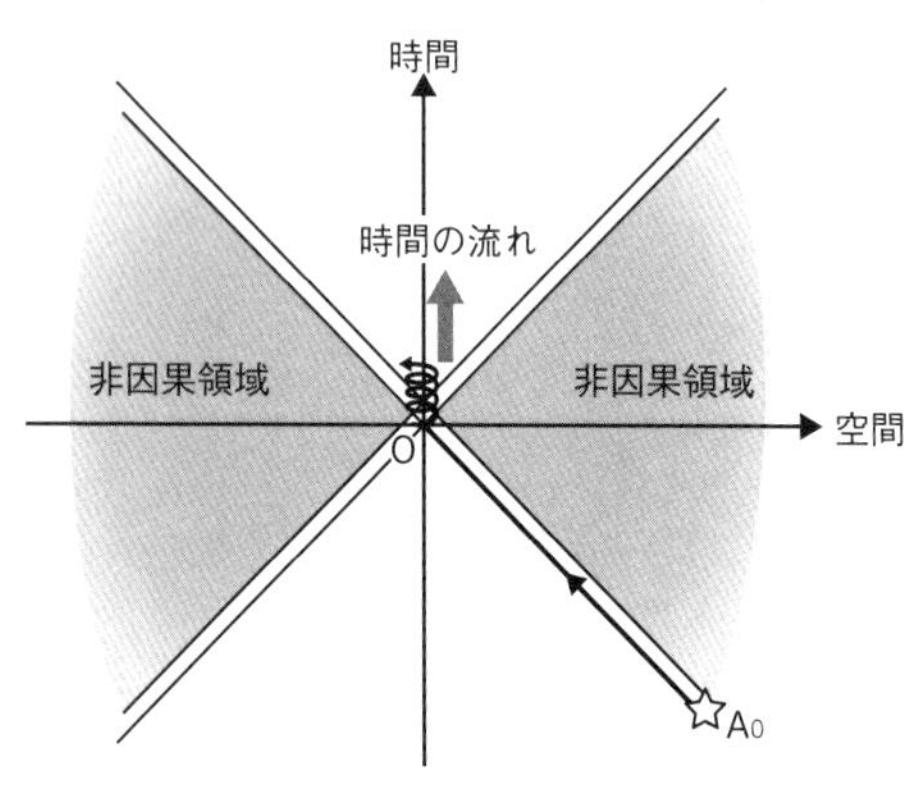

さて、一方、未来を見てみよう。

未来は非因果領域の「翼」に隠れる

もし「私」が原点Oで静止しているなら、643年未来のベテルギウスの姿を「私」は見ることができるはずである。しかし、その未来からの光が原点Oの「私」に届いたと思った瞬間、「私」は時間軸を上方に動いてしまっている（図7-6）。そして、そのベテルギウスからの光の世界線は、「私」の非因果領域の「翼」の中に隠れてしまう。

未来からやってくる光は、次々に非因果領域の「翼」の中へと隠れていく。

こうして、「私」は時間軸を上方へ動いていくかぎり、永久に未来からの光を見ることはない。動きを止めれば、もちろん未来からの光は私に届

図7-6「私」の時間方向の動きによって、未来のベテルギウスB_0の姿は非因果領域の「翼」の中へ隠れていく

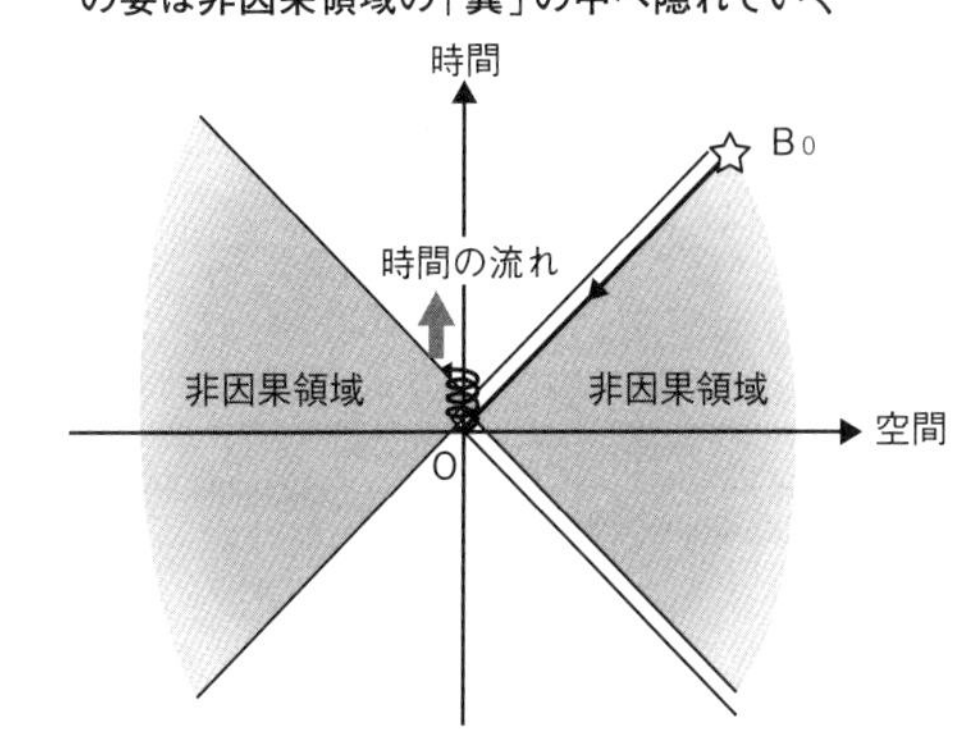

く。しかし、動きを止めるとは、時間軸上方への生命のシステム・ループを止めるということだから、それは死を意味する。

すなわち、死の瞬間、我々は未来からの光を見るのかもしれない。

この様子は、次のように図で説明することもできる（**図7-7**　192ページ）。

未来のある事象B_0から原点Oへの光B_0Oに対し、「私」は点Oに留まらず、時間Δtだけ上の点O'へ動くので、B_0から「私」に届く光の世界線はB_0OではなくB_0O'であると考える。

このとき、世界線B_0O'の傾きは45度より小さくなっている。つまり、世界線B_0O'は光速を超えている。光速を超えるようなものは存在しないから、「私」はB_0O'のような光を見ることはできない。

図 7-7 世界線 B_0O' は光速を超えているので、「私」は未来 B_0 からの光を見ることができない

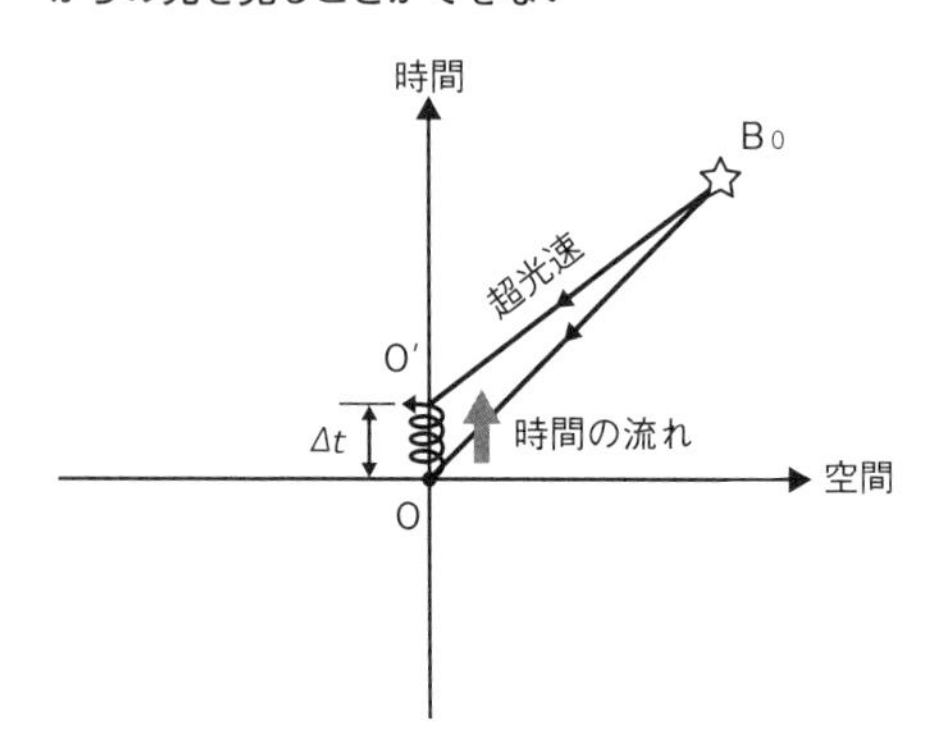

観測装置は未来からの光を見るか？

生命でないものなら未来からの光を見ることができるわけであるから、「私」が自分の目で見るのではなく、観測装置を備えておけばよいのではないだろうか？

しかし、**図7－8**で示したように、それも駄目である。

観測装置はたしかに情報のシステム・ループをもたないが、原点O（時刻0）における未来からの光を受ける瞬間に、私がΔtだけ時間軸を進むなら、「私」がチェックする観測装置自体もまたΔtだけ時間軸を進むからである。

以上、非常にマユツバ的なアイデアを紹介した。

しかし、もしこのような事情で未来からの光が

図 7-8 「私」が使う観測装置は、「私」と同じ時間の流れに乗っている

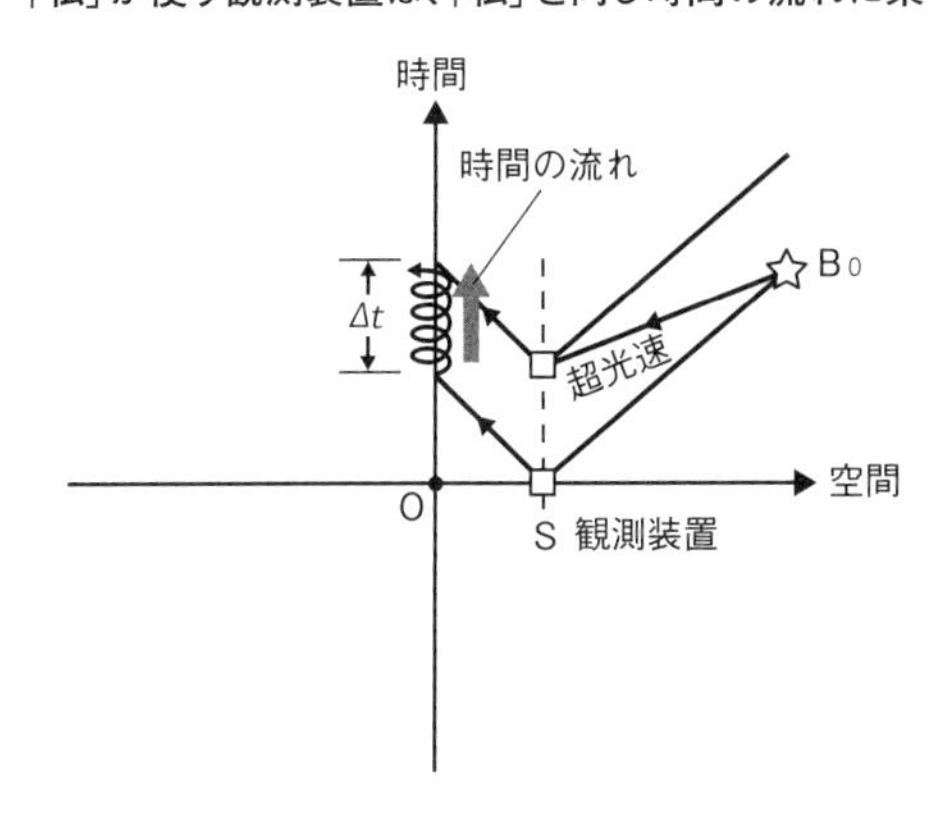

見えない、などということがあるはずはない、と断言されるのであれば、あえて問いたい。

いったい、どういう理由で未来からの光は見えないのであろうか？

以上で筆者のミンコフスキー空間に依拠する「空間論」は終わりである。

最後まで興味をもって読み進めていただいた読者の方々に、ひたすら感謝である。

これはひょっとすると、大法螺話なのかもしれない。

最後まで書き進めた筆者自身が、そんな思いにもかられている。

しかし仮にそうであるとしても、このような本を書いた動機は、生命と時間に関する謎の存在で

ある。

マクタガートが「時間は実在しない」などという論文を書いたのも、同じ思いであったからではないだろうか?

相対論すなわちミンコフスキー空間の発見は、人類の知見に計り知れない革命をもたらした。しかし、それゆえにこそ、謎はますます深まったのである。

物理学が新しい発見をもたらせばもたらすほど、物理学だけでは説明できない何かが、生命と時空にはあると信じざるを得ない。

おわりに　時間と空間を超えて

「まえがき」で、本書は自由な発想による、ミンコフスキー空間に依拠する空間論であると銘打った。しかし、本書を読み終えられて、これは空間論というより時間論ではないのか、と思われた読者もおられるのではないだろうか。

たしかに、紙幅の多くを時間の考察に充（あ）ててきた。空間論であるはずなのに、なぜ時間の話がメインテーマのように見えるのか。

それには理由がある。

空間を語るより、時間を語る方が易しいのである。

すでに述べたことだが、我々は空間そのものを認識することは不可能であり、それゆえ空間そのものを語ることは難しい。

また、空間と時間は密接に結びついている。それゆえ、時間を語るとき、我々は知らず知らずのうちに空間についても語っているのである。

空間と時間はいかに離れ難く結びついているか、そして空間を測るより時間を測る方がいかに容易であるか、という実例が現代のテクノロジーの中にある。

それは、第1章の冒頭で紹介したGPSである。

GPSの原理は、人工衛星からの電波の到達時間から距離を算出するものであるが、よく似た例として、時間の計測から地図を作成する技術がある。

従来の地図の作り方は、その場所に赴き、三角測量によって2点間の距離や高低差を測定したりする方法であった。一昔前なら、三角測量以外の方法などあり得なかったであろう。

しかし今では、時間を測る方がはるかに正確な地図を作れるのである。

たとえば、富士山の標高を知りたいとする。従来なら、海抜0メートルで位置も確定されている海岸を2点選び、そこから富士山の山頂の仰角を測る、というような方法が取られるだろう。しかし、素人目にも、よほど精密な測量器を用いないと、かなりの誤差が生まれると予想できる。誤差の範囲を鉛直方向の高低差にして0・1メートルより小さくすることはきわめて難しいのではないだろうか。

それでは、時間で高低差を測るにはどうするのか。

富士山の山頂と太平洋の海岸のそれぞれに時計を置く。そして、それぞれの時計が刻む時間のずれを測る。

なぜ時間がずれるかと言えば、地球の重力場によって時間に遅れが生じるからである。そして、富士山頂よりも海岸線の方が地球の中心に近いから、時間の遅れが大きい。その差を測定するのである。

そんなわずかな差を測定できるのか、と思われるだろう。これも一昔前なら難しかったであろう。しかし、時間の計測技術は格段に進歩し、今では1秒に対して10のマイナス16乗秒くらいのずれなら充分に測定できるまでになってきた。一般相対論の方程式にあてはめれば、この時間は空間の1メートルの高低差くらいに相当する。つまり、富士山頂と海岸に時計を置けば、富士山の標高は1メートル以内の誤差で測れるのである。

もちろん、ここで使う時計はクォーツではなく、原子時計である（日本の標準時の基準は明治以降、兵庫県明石市であったが、今やそうではない。東京の情報通信研究機構の原子時計がその役を担っている）[*1]。そして今、原子時計の時間をより正確に測る手法として、光格子時計というものが注目されている[*2]。この技術が実用化されれば10のマイナス18乗秒の差が測定でき、1センチメートルの誤差でその地点の標高が測れるようになるであろう。

空間より時間の方が測りやすいのは、単なる技術的な問題のように見えるが、しかしその根底には時間は実数、空間は虚数というミンコフスキー空間の性質が関係しているものと思われる。

堅牢な箱のように動かない空間、移ろい流れゆく時間というイメージは、測定ということに関しては逆なのである。我々は時間の流れに乗ってつねに動いているから、原理的には周期的に変化するものの振動の回数（周波数）を数えることができる。そこである回数振動したときの時間を単位時間（1秒）と定義すればよい。それに対して、周期的に変化する波の波長を測定するのは簡単ではない。絶対基準の長さをもつ物差しを作らねばならない。以前はメートル原器が実際にあったわけだが、原子レベルでそのようなものを作るのは容易ではないであろう。これも突き詰めれば、時間は実数、空間は虚数という時空の構造に依拠しているのではなかろうか。

いずれにしても、時間が測定できれば長さ（空間）が分かるということは、時間と空間はつねに一体の時空として存在していることを意味する。我々は時間を語るときも、空間を語るときも、時空というものの一面しか見ていないのだという自覚をもたなければいけない。

このように考えれば、世界の本質は時間論と空間論を統合させた形でなければ見えてこないのではないか、という気がしてくる。

空間割る時間は速度である。

相対論では、速度は次元をもたないただの数であった。そして、光の速度を1とすると、時間と空間が対称的なミンコフスキー空間が現れる。すべての観測者から見て光速が1という事実は、何を物語っているのであろうか。

光速一定は観測事実であって、なぜ光速は誰から見ても一定なのかのはっきりした理論的根拠はない。

物理学の立場で言えば、現在の標準理論が何の矛盾もなく完成し、ヒッグス機構が働いた意味が明らかになったときに、その答えは出てくるのかもしれない。

このような物理学の完成は、まさに万物の理論の誕生のように思えるが、歴史を顧みれば、たぶんそうではないだろう。

ニュートン力学の出現は、当時の知識人にとっては、現代の標準理論の完成のように難解な構築物に見えたであろう。しかし、カントはニュートン力学を高く評価していたけれど、絶対真理とはしなかった。事実、その後、相対論が生まれ、量子論が生まれた。そして、アインシュタインとベルクソンの衝突があった。物理学の立場で言えば、ベルクソンの思想はとても科学的と言えたものではない。しかし、ベルクソンの思想が誤りかと言えば、そうとも限らないのである。

これも「まえがき」の注釈や第7章で述べたように、ユクスキュルあるいは日高敏隆によれば、すべての動物はその動物特有の環世界をもち、その環世界はイリュージョン（幻影）によって成立している。物理学もその制約から逃れることはできない。

我々は、かなわぬ夢と知りながら、永遠の真理を求めて歩み続けるしかないのであろう。

それにしても、思索は自由である。

「時間論」があり「空間論」があるのなら、それらを統合した「速度論」などというものも、ひょっとするとありかもしれない……。

付録1　虚数とピタゴラスの定理

『零の発見』という吉田洋一の有名な本がある（岩波新書、1986年改版）。数学の歴史は数の発見の歴史であった。人類が最初に発見した数は、1、2、3、……という正の整数であったにちがいない。しかし、そこから0の発見まではずいぶんな歳月を要したことは想像がつく。そもそも0が数であるのか？——とさえ疑うこともできる。それから、マイナスの数の発見があった。これも奇妙である。2個のリンゴはすぐイメージできるが、マイナス2個のリンゴはイメージできない。

現在では、我々はマイナスの数にすっかり慣れている。これはひとえにお金のおかげである。マイナス2個のリンゴはイメージできないが、マイナス2万円はどうだろう？

少し考えれば、あるいは考えるまでもなく、マイナス2万円とは2万円の借金であると納得できる。

こうして現実にはない数がどんどん発見されていくのだが、16世紀についに虚数が発見された。虚数の奇妙さは、マイナスの数の奇妙さと同程度のものである。マイナスの数は借金という現実と関わっているから身近に感じるが、虚数には今のところ現実生活に関わるものがないから不思議に感じるだけなのである。

ある数を2回掛けたものを、その数の2乗と呼ぶ。

たとえば、3の2乗は、

$$3 \times 3 = 9$$

である。

$$1 \times 1$$

はもちろん1である。

それでは、

$$-1 \times -1$$

はいくらかと言えば、もちろん、

$$-1 \times -1 = 1$$

である。つまり、マイナスの数同士を掛けるとプラスになるので、マイナスの数の2乗はつねにプラスである。

しかし、2乗してマイナスになる数というものを考えることもできるのである。

そんなものは、ない！——と主張するのは、0はない！——マイナスの数などない！——と主張するのと同じくらい頭が固いのである。

ある数をiという記号で書いて、

図 A1-1　$3^2+4^2=5^2$ が成立する

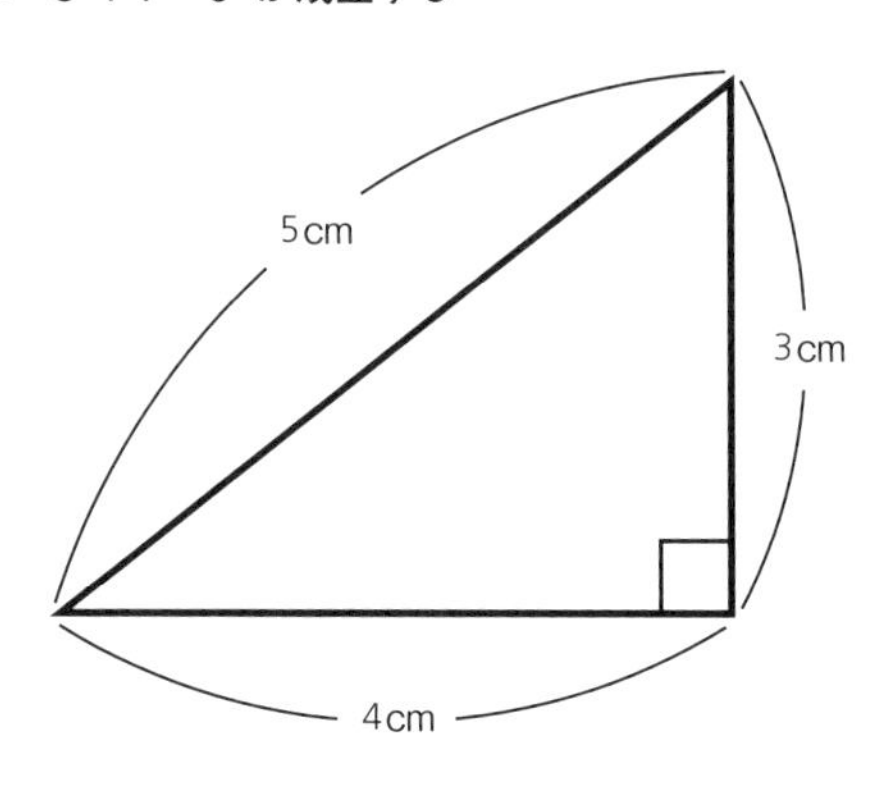

$$i \times i = -1$$

となるような数を無理やり作るのである。そんな数が現実世界にあるかどうかは問題ではない。そんな数を作って、それで四則演算が成立するなら、それは立派な数なのである。

こうして、虚数ができあがった。

2乗してマイナス1となるような数iが虚数の単位である。虚数に対して、2乗すると必ずプラスになる数を実数と言うが、虚数の単位iは実数の1に対応する。

相対論が明らかにした時空は、ミンコフスキー空間と呼ばれるが、この現実に存在するミンコフスキー空間が実数と虚数からできているのである。

また、本書では扱わないが、量子力学に登場する波動関数には虚数がきわめて重要な働きをする。実

図 A1-2　ピタゴラスの定理 $a^2+b^2=c^2$

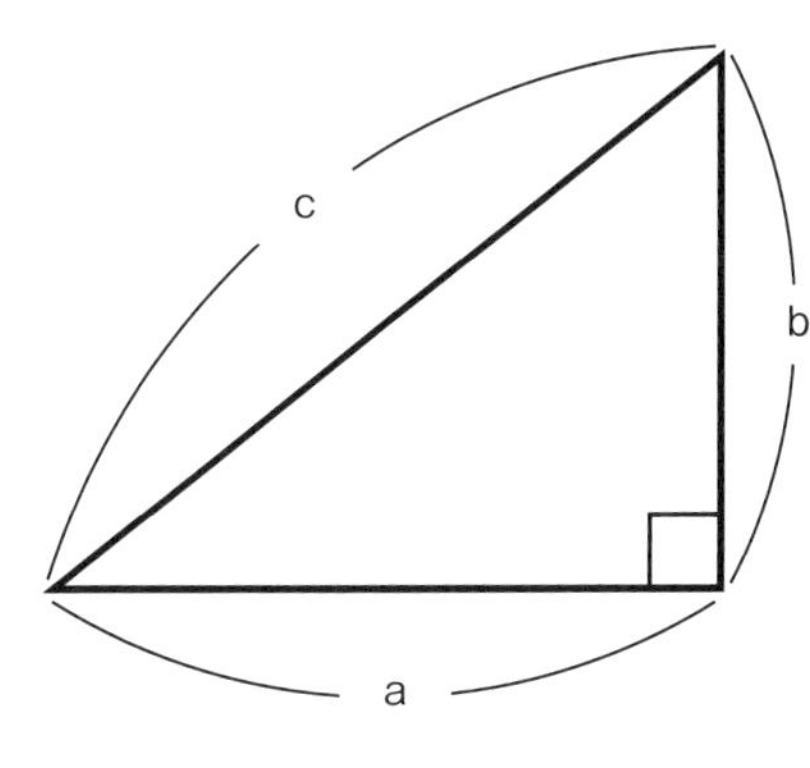

数と虚数を合わせたものを**複素数**と呼ぶが、ひょっとするとこの世界は複素数でできあがっているかもしれないのである。

次にピタゴラスの定理（三平方の定理とも言う）を説明しよう。

その名のとおり、この定理は古代ギリシャの数学者ピタゴラスによって発見された。直角三角形の辺の長さに関する定理である。

ピタゴラスの定理を直観的に理解するのに適した例は、**図A1－1**のような直角三角形である。

直角を挟む辺が3センチメートルと4センチメートルの直角三角形の斜辺の長さは必ず5センチメートルである。これは、直角三角形がもつ特別の性質

図 A1-3　$1^2+1^2=x^2$ だから、$x=\sqrt{2}$ となる

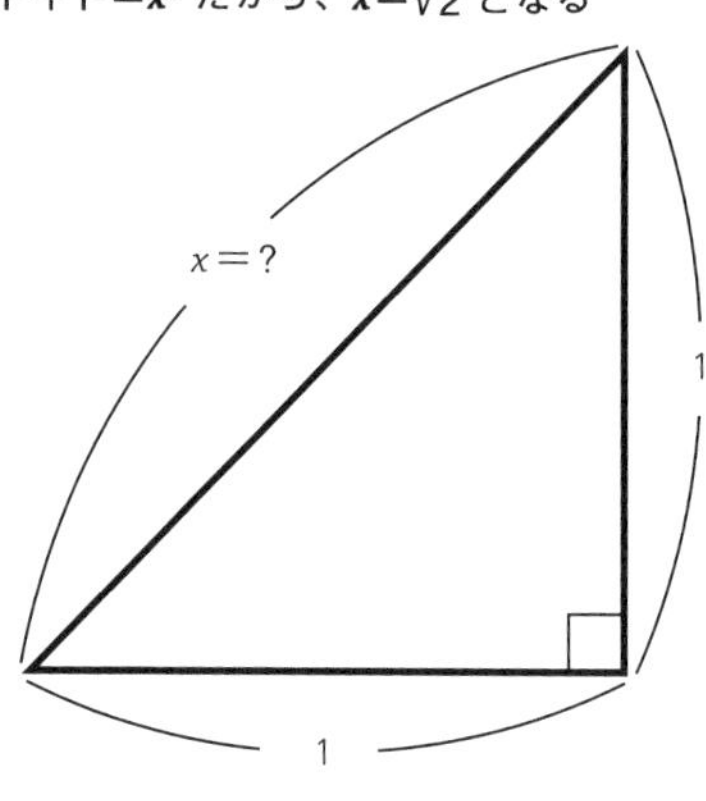

で、

$$3^2+4^2=5^2$$

となっている。これを経験的ではなく論理的に証明したのがピタゴラスである（今では中学校の数学で証明する）。

ピタゴラスの定理の一般式は、**図A1-2**（207ページ）を使って、

$$a^2+b^2=c^2$$

と書ける。

たとえば、**図A1-3**の直角三角形の場合、長さxはいくらであろうか。

ピタゴラスの定理にあてはめて、

$$x^2=1^2+1^2$$

だから、

$$x^2=2$$

図 A1-4　$1^2+\boldsymbol{i}^2=1+(-1)=0$ だから、$\boldsymbol{z}=0$ となる

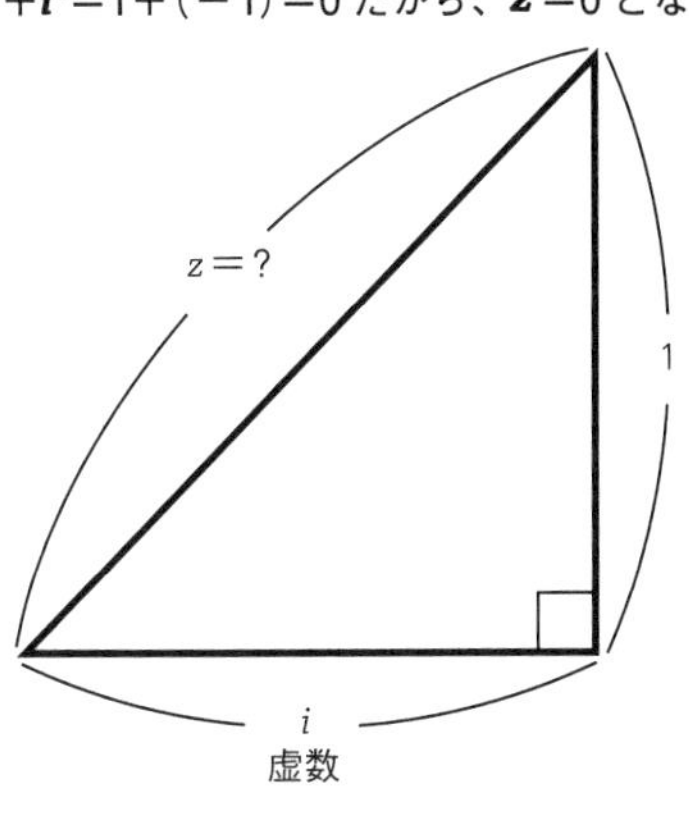

となり、長さxは正であるから、

$$x=\sqrt{2}$$

となる。

以上、中学校の簡単な数学の紹介であったが、それでは虚数とピタゴラスの定理を一緒にしてみよう。

図A1-4のような直角三角形を考える。

一つの辺の長さは1であるが、もう一つの辺の長さが虚数iであるような直角三角形を考えると、このとき斜辺の長さzはいくらになるであろうか？

ピタゴラスの定理をあてはめて、

$$z^2=1^2+i^2$$

$$i^2=-1$$

だから、

$$z^2 = 1 + (-1) = 0$$

つまり、このような直角三角形では、斜辺の長さが0になってしまう!

そんな変な直角三角形はあり得ないと思われるだろう。

しかし、相対論は、これが我々のいる時空だと主張するのである。このような時空をミンコフスキー空間と呼ぶ。

付録2　ローレンツ変換式をグラフから導く

図A2-1　おなじみの時空のグラフ

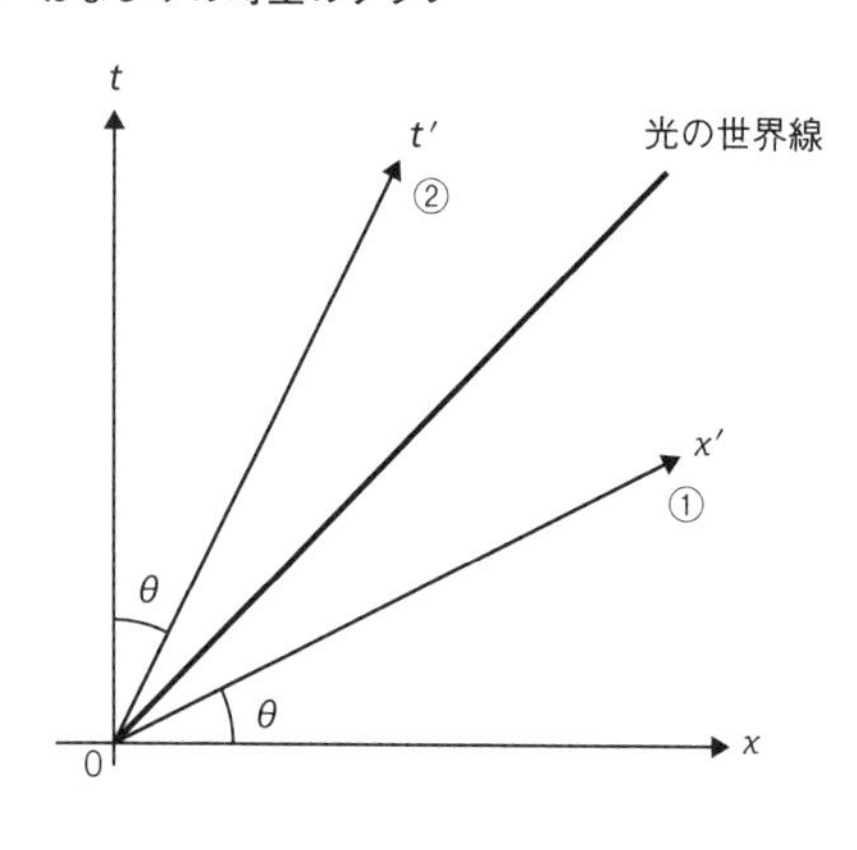

本書は相対論の物理学的解説書ではないので、面倒な数式はあえて省いてあるが、学問としての相対論を知っていると言うためには、ローレンツ変換を知っていなければならない。

時空上のある事象Pの位置は、その事象が起こる時間と場所を指定すれば決まる。しかし、その座標は、観測者Aから見たときと観測者Bから見たときで異なるはずである。

話を分かりやすくするために、時刻$t=0$で観測者Aと観測者Bは同じ位置にいるとする。また、空間は1次元（座標x）であるとしよう（時刻$t=0$で観測者Aと観測者Bが別の場所にいて、空間は3次元であるとすれば、式は少し複雑なものになるが、その本質は同じなので、ここではそのように仮定しておく）。

図A2-2　tanθは観測者Bの速さを表す

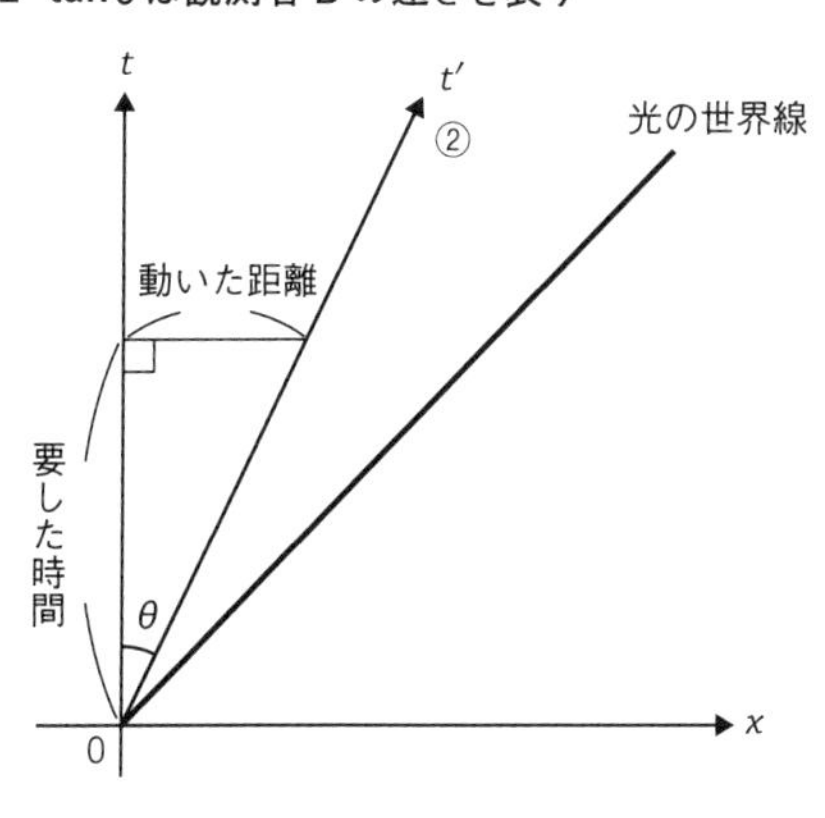

ローレンツ変換式とは、観測者Aが見る事象Pの座標（X, T）と観測者Bが見る事象Pの座標（X′, T′）の間の関係式のことである。たとえば、観測者Bが観測者Aに対して速さvで動いているとき、ローレンツ変換式を使って、観測者Bが見る事象Pの位置と時間が計算できるのである。これによって、時間の遅れや空間の縮みも計算できることになる。

図A2-1は、本文でもたくさん登場する時空のグラフである。

（x, t）は静止している観測者Aの座標軸、（x', t'）は速さvで動いている観測者Bの座標軸とする。中央の傾き45度の直線はもちろん光の世界線である。

図中の角度θがどんな量であるかを考えてみる。

図A2-3　事象Pを二つの座標系で表す

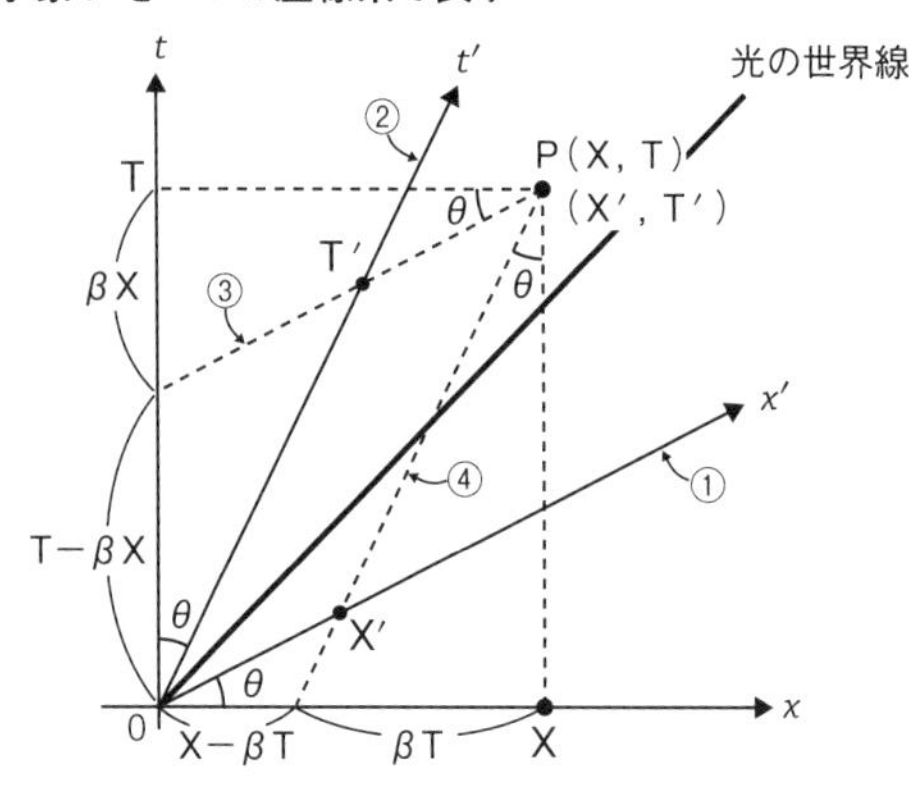

図A2-2（213ページ）において、速さvで動く人の世界線はt'軸（直線②）であるが、

速さ＝距離÷時間

なので、$\tan\theta$がこれに相当する。ただし、我々は光の速さcを1としているので、動く人の速さはv/cで表さねばならない。そこで、

$$\tan\theta = \beta$$

と置くと（単に式を簡略化するため）、

$$\beta = v/c$$

すなわち、動く人の速さということになる。

さて、ローレンツ変換式とは、静止系から見たある事象の座標が（X, T）であるとき、この事象を速さvで動く人から見た座標（X′, T′）がどう書けるかの関係を示した式のことである。

図A2-4　ローレンツ変換式

直線①の式：$t=\beta x$

直線②の式：$t=\dfrac{1}{\beta}x$

直線③の式：$t=\beta x+(\mathrm{T}-\beta\mathrm{X})$

直線④の式：$t=\dfrac{1}{\beta}\left\{x-(\mathrm{X}-\beta\mathrm{T})\right\}$

式①と式④の交点の座標は、

$$x=\frac{\mathrm{X}-\beta\mathrm{T}}{1-\beta^2}\qquad t=\frac{\beta(\mathrm{X}-\beta\mathrm{T})}{1-\beta^2}$$

よって、

$$\mathrm{X}'=\sqrt{t^2-x^2}=i\frac{\mathrm{X}-\beta\mathrm{T}}{\sqrt{1-\beta^2}}$$

式②と式③の交点の座標は、

$$x=\frac{\beta(\mathrm{T}-\beta\mathrm{X})}{1-\beta^2}\qquad t=\frac{\mathrm{T}-\beta\mathrm{X}}{1-\beta^2}$$

よって、

$$\mathrm{T}'=\sqrt{t^2-x^2}=\frac{\mathrm{T}-\beta\mathrm{X}}{\sqrt{1-\beta^2}}$$

図A2－3（214ページ）を見ながら、図A2－4（215ページ）の計算式を追ってみていただきたい。

式はやや煩雑であるが、要は直線の式を書き、二つの直線の交点の座標を求めるという、高校生の数学で出てくる計算である。

図A2－4において、枠で囲った式がローレンツ変換式である。距離X'が、距離Xだけでなく時間Tも含まれた式になっていることに注意しよう。時間T'についても同様である。相対論では、時間と空間は「入り交じる」のである。相対論のテキストによって、いろいろな記号を使っているが、中身はどれも同じである。また、X'の値が虚数で出てくるが、これは空間軸が虚数であるということから当然の帰結である。実数と虚数のピタゴラスの定理を使っていることも確認していただきたい。

主要参考文献

第3章

＊1　キップ・S・ソーン著、林一・塚原周信訳『ブラックホールと時空の歪み――アインシュタインのとんでもない遺産』白揚社、1997年（原著“BLACK HOLES AND TIME WARPS” 1994）

＊2　ロジャー・ペンローズ著、竹内薫訳『宇宙の始まりと終わりはなぜ同じなのか』新潮社、2014年（原著“CYCLES OF TIME” 2010）

＊3　Apparent evidence for Hawking points in the CMB Sky（2018年提出、2020年に改定ヴァージョン4　https://arxiv.org/abs/1808.01740）

第4章

＊1　聖アウグスティヌス『告白』。邦訳としては、服部英次郎訳、岩波文庫　上中下巻、1951年

＊2　カント『純粋理性批判』。篠田英雄訳、岩波文庫　上中下巻、1961〜62年刊が入手

しやすい。カントの時間論を理解する手頃な解説書としては、中島義道『カントの時間論』(講談社学術文庫、2016年)がお勧めである。
*3　入不二基義著『時間は実在するか』講談社現代新書、2002年
*4　ポール・デイヴィス著、水谷淳訳『生物の中の悪魔――「情報」で生命の謎を解く』SBクリエイティブ、2019年(原著"The Demon in the Machine" 2019)

第5章

*1　ステファン・スメール&モーリス・W・ハーシュ著、田村一郎他訳『力学系入門』岩波書店、1976年(原著 Hirsch & Smale "Differential Equations, Dynamical Systems & Linear Algebra" 1974)
*2　椿井真也「Prigogine の時間の矢についての批判的再検討」第8回日本時間学会にて発表、2016年
*3　福岡伸一著『動的平衡――生命はなぜそこに宿るのか』木楽舎、2009年
*4　イリヤ・プリゴジン著、小出昭一郎・我孫子誠也訳『存在から発展へ――物理科学における時間と多様性』みすず書房、1984年(原著"FROM BEING TO BECOMING　Time

and Complexity in the Physical Sciences" 1980）

＊5　イリヤ・プリゴジン著、我孫子誠也・谷口佳津宏訳『確実性の終焉――時間と量子論、二つのパラドクスの解決』みすず書房、１９９７年（原著 "THE END OF CERTAINTY" 1997）

第6章

＊1　エルヴィン・シュレーディンガー著、岡小天・鎮目恭夫訳『生命とは何か――物理的にみた生細胞』（原著 "WHAT IS LIFE?" 1944）の翻訳は、以前は岩波新書（１９５１年）から出版されていたが、現在は岩波文庫（２００８年）で読むことができる。

＊2　自己意識の進化については、ニコラス・ハンフリー著、垂水雄二訳『内なる目――意識の進化論』紀伊國屋書店、１９９３年（原著 "THE INNER EYE" 1986）および、スティーヴン・ミズン著、松浦俊輔・牧野美佐緒訳『心の先史時代』青土社、１９９８年（原著 "THE PREHISTORY OF THE MIND" 1996）において、それぞれ非常に興味深い説が提案されている。

＊3　ロジャー・ペンローズ著、林一訳『皇帝の新しい心――コンピュータ・心・物理法則』みすず書房、１９９４年（原著は "THE EMPEROR'S NEW MIND" 1989）

＊4　ウンベルト・R・マトゥラーナ、フランシスコ・J・ヴァレラ著、河本英夫訳『オートポイエーシス――生命システムとはなにか』国文社、1991年（原著"AUTOPOIESIS AND COGNITION: THE REALIZATION OF THE LIVING" 1980）

第7章

＊1　日高敏隆著『動物と人間の世界認識――イリュージョンなしに世界は見えない』ちくま学芸文庫、2007年
＊2　野村直樹著『ナラティヴ・時間・コミュニケーション』遠見書房、2010年

おわりに

＊1　細川瑞彦「世界の標準時と原子時計最先端」第10回日本時間学会にて講演、2018年
＊2　「光格子時計で、日常に現れる相対論の世界を可視化する」（『RIKEN NEWS』No.388 October 2013, pp.06-09）

図版作成　株式会社プロスト（プログループ）

橋元淳一郎（はしもと じゅんいちろう）

東進ハイスクール講師、SF作家、相愛大学名誉教授。日本時間学会会員、日本SF作家クラブ会員、日本文藝家協会会員、ハードSF研究所所員。一九四七年、大阪府生まれ。京都大学理学部物理学科卒業後、同大学院理学研究科修士課程修了。わかりやすい授業と参考書で、物理のカリスマ講師として受験生に絶大な人気を誇る。著書に『時間はどこで生まれるのか』（集英社新書）、『シュレディンガーの猫は元気か』（ハヤカワ・ノンフィクション文庫）のほか、参考書『物理橋元流解法の大原則』シリーズ（学研プラス）など多数。

インターナショナル新書〇六三

空間（くうかん）は実在（じつざい）するか

二〇二〇年一二月一二日　第一刷発行

著　者　橋元淳一郎（はしもとじゅんいちろう）

発行者　岩瀬　朗

発行所　株式会社 集英社インターナショナル
〒一〇一-〇〇六四 東京都千代田区神田猿楽町一-五-一八
電話 〇三-五二一一-二六三〇

発売所　株式会社 集英社
〒一〇一-八〇五〇 東京都千代田区一ツ橋二-五-一〇
電話 〇三-三二三〇-六〇八〇（読者係）
〇三-三二三〇-六三九三（販売部）書店専用

装　幀　アルビレオ

印刷所　大日本印刷株式会社

製本所　加藤製本株式会社

ISBN978-4-7976-8063-8　C0242
定価はカバーに表示してあります。